装备科技译著出版基金

认知电子战中的人工智能方法

Cognitive Electronic Warfare
An Artificial Intelligence Approach

〔美〕 凯伦·Z. 海格(Karen Z. Haigh)
朱莉娅·安德鲁森科(Julia Andrusenko) 著

王川川 朱宁 许雄 赵宏宇 译

汪连栋 审校

国防工业出版社

·北京·

著作权合同登记　图字:01－2023－0340 号

图书在版编目(CIP)数据

认知电子战中的人工智能方法/(美)凯伦·Z. 海格
(Karen Z. Haigh),(美)朱莉娅·安德鲁森科
(Julia Andrusenko)著;王川川等译．—北京:国防
工业出版社,2024.1 重印
　书名原文:Cognitive Electronic Warfare:An
Artificial Intelligence Approach
　ISBN 978－7－118－12898－7

　Ⅰ.①认…　Ⅱ.①凯…②朱…③王…　Ⅲ.①人工智
能—应用—电子对抗—研究　Ⅳ.①TN97

　中国国家版本馆 CIP 数据核字(2023)第 050937 号

※

*国防工业出版社*出版发行
(北京市海淀区紫竹院南路 23 号　邮政编码 100048)
北京虎彩文化传播有限公司印刷
新华书店经销

*

开本 710×1000　1/16　印张 14¼　字数 248 千字
2024 年 1 月第 1 版第 3 次印刷　印数 3001—4500 册　定价 99.00 元

(本书如有印装错误,我社负责调换)

国防书店:(010)88540777　　书店传真:(010)88540776
发行业务:(010)88540717　　发行传真:(010)88540762

译者序

电子战是电磁频谱作战中一个充满挑战的研究领域。随着技术的发展,电子战的内容和作战方式发生了重大的变化,电子战已经从防御性的阶段行动发展为既具有防御性又有进攻性的全时空行动,从只有软杀伤手段发展到软杀伤、硬摧毁以及软硬复合手段并存,从单系统对抗发展到多系统间的体系对抗。目前,电子战已成为决定战争胜负的关键因素。

在国际社会合作与对抗共生的复杂博弈背景下,各军事强国在电磁频谱域的竞争日趋激烈。电磁频谱呈现密集、重叠、多变、动态、复杂等特征,先进的雷达、通信等电子信息系统的信号波形呈现数字化、可编程、捷变性、自适应等特点,使得传统电子战面临严峻的挑战。电子战技术与应用研究面临着诸多亟须解决的难题,迫切需要开辟一条新的思路来突破技术瓶颈。随着人工智能技术的发展及应用,认知电子战技术应运而生。但是,认知电子战技术研究目前仍处于初级阶段,有关的系统构建思路、核心技术、解决方案以及具体实施方法都有待进一步研究和探索。从人工智能目前的研究与应用进展可以判断,谁在认知电子战的先进技术研究与应用上占据领先地位,谁就将在未来电磁频谱战中取得绝对优势。

由 Karen Z. Haigh 和 Julia Andrusenko 合著的 *Cognitive Electronic Warfare: An Artificial Intelligence Approach* 由 Artech House 出版社于 2021 年 7 月出版。这是该出版社面向电子战领域的智能化发展而推出的重磅新书,也是国外出版的第一本关于电子战系统在任务中进行实时学习和优化的书。有评论称,本书将成为电子战新兴领域的力作。本书系统阐述了人工智能在认知电子战领域中的应用,内容包括认知电子战概论、目标函数、机器学习、电子支援、电子防护和电子进攻、电子战作战管理、任务中实时规划和学习,数据管理、架构、测试和评估等。

原著作者经过凝练，将枯燥的概念与理论生动化，并借助案例将更多的篇幅集中于理论与实际问题的融合上，充分体现出了理论与实践并重、方法与经验融合、经典与新颖并举的鲜明特色，可以预期本书的出版将在国内认知电子战发展方面发挥积极的促进作用。

全书翻译工作由王川川负责。第 1~5 章由王川川翻译；著者简介、前言、第 6~7 章、第 9 章由朱宁翻译；序言和第 8 章由许雄翻译；第 10~11 章由赵宏宇翻译。全书审校工作由汪连栋负责。本书的翻译出版，还得到了曾勇虎、王华兵、李丹阳、陆科宇、张宽桥、汪亚等的大力支持和帮助，在此一并表示衷心的感谢。

本书覆盖面广，内容新颖，由于译者技术水平和翻译水平所限，不妥之处在所难免，敬请读者批评指正。

译者

2023 年 3 月

序　言

电子战技术的发展在很大程度上决定了战争的胜负。对电子战技术的研究、发展和应用深刻影响着各级指挥官所采用的战术、作战策略，甚至国家战略。先进电子战技术的研究和开发对保持威慑力起着至关重要的作用。美国国防部每年在电子战领域投资大约 70 亿美元，我在五角大楼期间曾负责电子战系统的研发和采购工作，然后作为国家安全创新基地的首席技术官继续推进这类系统的发展。

认知电子战系统是决定未来战争成败的关键因素之一。运用人工智能使电子战系统具备认知能力是一项重大进展，可以让电子战系统在任务执行过程中学习和适应作战环境。在软件定义能力的数字世界中，电子战系统必须能够应对它以前未知的信号。在当今密集互联的作战空间(军事物联网)中执行任务时，电子战系统通过融合和理解传感器的感知，能够连续不断地接收来自环境的反馈，进而做出行为调整。通过合理的自动化设计，电子战系统反馈和学习的速度要快于人类利用数据进行推理的速度。在单兵任务或交战期间，采用认知电子战技术可以使我们的士兵和飞行员以更大的概率成功地完成任务，或者在交战中幸存下来。

电子战系统实时地从周围环境中进行学习说起来很简单，但不是任何系统都能有效且稳健地做到这件事。包括军事部门在内的整个社会，都对人工智能技术的未来抱有很大的期待。为了成功地应用人工智能技术，我们需要像凯伦和朱莉娅这样的专家将理论和实际联系起来。构建采用人工智能技术的认知电子战演示系统是比较容易的，但军事系统在使用中需要有很高的稳健性，因此必须对其进行严格的测试和评估。

人工智能的应用将改变人们的工作和生活方式。机器学习等认知技术的军事应用以及带来的自适应性使得军方开始注意到,认知技术的军事应用也需要安全性来保护其功能的发挥。虽然围绕人工智能的保护算法、具体实现、训练数据和实时学习有各种各样值得探讨的问题,但是人工智能的理论基础非常牢固,为该领域的从业人员提供了坚实的理论支撑。鉴于人工智能的发展速度很快,军事领域必须以相适应的速度利用这些新技术。

凯伦和朱莉娅在本书中提供了一个认知电子战框架,使开发人员能够将人工智能领域最新的研究成果纳入其中。本书以她们对人工智能的核心理解为基础详细讨论了认知电子战的目标函数。每个目标函数都是独特的,她们对其细微的差别都进行了必要的深入分析。每个装备采办专业人士都知道,武器系统的维护才是真正耗费精力和成本的地方。在这种情况下,本书介绍了数据管理、架构构建以及认知电子战系统测试等问题。最后,凯伦和朱莉娅为人工智能算法加入该框架提供了开放的接口。本书对于研究广度和深度的平衡把握的很好,对于广大电子战研究人员具有很好的参考价值。

William G. Conley 博士

水星系统首席技术官

前国防部长办公室电子战主任

2021 年 7 月

前　言

人们经常抱怨认知电子战的概念太宽泛,不知道从哪里开始研究。我总是说:"人工智能就像数学,总有一天它将无处不在。"每个人都应该对人工智能有适当的了解,知道它在日常生活中的用处。人工智能不仅是"自动驾驶汽车"或"终结者",还是摄像机上的人脸识别、购物时的购买建议以及对飓风路径的预测。人工智能适用于电子战系统,就像数学和物理适用于电子战系统一样。本书期望为仅靠传统方法无法解决的电子战问题提供新的解决思路,并激发人们的研究热情。

考虑到很多射频领域研究人员(电子战、认知无线电或认知雷达专家)正在探索人工智能的合理应用问题,我和朱莉娅撰写了这本书。我们的目标是在对人工智能方法介绍及分类的基础上,指导如何选用这些方法来解决电子战问题。机器学习是人工智能的一个重要组成部分,但人工智能不仅限于机器学习。

本书中,我们的主题会在通信与雷达或电子进攻和电子防护之间切换。从人工智能技术应用的角度来看,这些主题确实是相通的。我们在这4个主题中都使用了相同的人工智能技术,但也有一些重要的区别,如电子战战斗损伤评估(battle damage assement, BDA)。我们可以将不同的人工智能技术集成在一起,以解决共同的问题。

在本书中使用了一个称为贝叶斯网络策略优化器(BBN strategy optimizer, BBN SO)的实例。这是一种通信电子防护模块,它可以在任务期间启动任务中学习来适应新环境,然后执行硬实时优化和决策以选择更好的策略。示例7.1给出了BBN SO的基本概念,对许多要点的讨论所使用的示例都来自这项工作。

我们要感谢以下为本书做出贡献的人:Aaron Walker、Chris Geib、Matt Markel、Bill Conley、Pete Reese、Feng Ouyang 和

Shaun McQuaid，以及 Artech House 的审稿人。

Chris Ramming 和 Jim Freebersyser 引起了我对射频领域人工智能问题的思考，前者向我提出了最初的问题，后者从霍尼韦尔的研究预算中资助了我们第一阶段的研究工作。如果没有他们，我将永远不会产生兴趣或有动力来完成这项工作。Greg Troxel 和 John Tranquilli 耐心地帮助我、教导我这个奇怪的人工智能人，教我如何拼写射频（radio frequency，RF）并思考是什么因素使这个领域中的事情变得复杂。

此外，还要感谢 Louis Bouchard、Michael Cook、Amber Dolan、Dianne Egnor、Regina Hain、Brian Hood、David Landon、Li Lin、Scott Loos、Allan Mackay、Hala Mostafa、Andrew Nelson、Jason Redi、Vikram Sardana、Choon Yik Tang、Chris Vander Valk、Srivatsan Varadarajan 和 Fusun Yaman，他们的帮助使我的思维变得成熟，并帮助我开发了实际运行的人工智能射频系统。我还要感谢 DARPA、AFRL、ONR 和过渡合同中的项目经理和其他执行者。

朱莉娅是一位出色的合作伙伴，她为我提供了不同的视角，与我进行了很多有益的争论，并在事情进展不顺的时候及时给我鼓励；我要衷心感谢我的博士导师 Manuela Veloso，是他让我坚定信念；最后，感谢我的家人，他们始终坚定地支持我锲而不舍地追求自己的梦想。

——凯伦·Z. 海格

我和凯伦相识于 2019 年 11 月在弗吉尼亚州诺福克举行的 IEEE 军事通信会议上。那时，她邀请我和她合作撰写本书。我不加思索地婉拒了她，不过，最后还是应承下来。凯伦，谢谢你坚持让我与你一起踏上这段疯狂的旅程。我和凯伦一样，对帮助我们解决很多棘手的、多方面的认知电子战问题的所有人表示诚挚的感谢。最后，我还要感谢约翰霍普金斯大学应用物理实验室的杰出同事们对我工作的持续支持。

——朱莉娅·安德鲁森科

目　录

XI

第 1 章

认知电子战概论

现代电子战系统面临的挑战超出了传统方法的解决能力。将人工智能技术引入电子战系统是应对该领域复杂问题及满足快速响应需求的唯一方法。本书介绍了人工智能技术如何帮助人们解决现代电子战系统面临的挑战。我们希望读者至少熟悉电子战、认知无线电或认知雷达领域之一，并且关注人工智能技术及其面临的挑战，以及使用人工智能技术时需要做的多方面权衡。未来，人工智能将成为每个电子战系统的一部分，记录和分析系统以前的性能，并根据当前态势调整其行为。人工智能，不仅仅是机器学习，它是未来认知电子战解决方案的核心。

认知无线电的概念在 1999 年就由 Joe Mitola III[1] 提了出来，而认知雷达的概念至少可追溯到 2006 年[2]。然而，实际的认知无线电或认知雷达样机寥寥无几，而且其认知能力有限。造成这一问题的一个重要原因是，人们认为构建认知系统是一项艰巨的任务，而认为不可能对认知系统进行评估的错误观念更是加剧了这种情况。

本书旨在弥合这一差距，具体工作是向射频从业者介绍了电子战的相关人工智能技术：态势估计（situation assessment，SA）、决策（decision making，DM）和机器学习。本书涵盖了电子支援（electronic support，ES）的态势估计技术，包括表征、分类、异常检测、因果推理和意图识别，讨论了用于电子防护（electronic protection，EP）、电子进攻（electronic attack，EA）和电子战作战管理（electronic battle management，EBM）的决策技术，包括规划、优化和调度，以及如何处理问题的时间权衡和分布式特性。本书还讲述了如何引入机器学习以改进态势估计和决策效果,并探讨了电子战系统设计人员感兴趣的一个重要领域,即实时任务中学习,以识别并应对新的环境。

为了破除由于不了解如何评估认知系统而造成的使用障碍,本书讲述了如何管理数据和模型以确保认知系统的性能发挥,并介绍了一种用于验证结果和构建可信系统的学习保证过程。

最后,本书给出了一些如何开始构建实际认知电子战系统的建议。

创建认知电子战系统并不是一个巨大的"全或无"难题。

从人工智能的角度来看,电子防护和电子进攻的不同之处仅在于它们的目标:电子防护定义与自身相关的目标,而电子进攻定义与对手相关的目标。同样,人工智能不会关心一种解决方案是应用于雷达还是通信领域。因此,本书会等同对待电子防护/电子进攻和雷达/通信领域,并重点介绍了不同领域影响数据或算法选择的几个关键问题。

本书介绍的人工智能技术也适用于其他相关领域,如网络安全,信息战,定位、导航和授时(position,navigation,and timing,PNT),以及情报、侦察和监视(intelligence,reconnaissance,and surveillance,ISR)。我们在本书中不直接涉及这些领域。

1.1　认知系统的构成

人工智能学科成立于 1956 年召开的达特茅斯会议[3],属于试图模仿人类行为的计算机科学领域,借鉴了认知心理学、数学、计算机科学、系统工程和语言学等多个学科。

人工智能包含许多子领域,包括知识管理、规划、机器学习、自然语言处理(natural language processing,NLP)和自主。

如图 1.1 所示,认知系统或智能体能够感知环境并采取措施来实现目标。它能在更高层次上进行理解和推理,处理符号和概念信息,以便在复杂情况下做出准确决策。认知系统在环境感知、不确定性处理、自主判断 3 个方面间迭代和交互,并从经验中学习。图 1.2 给出了认知循环及其 3 个概念。

态势估计:是对环境要素和事件在时间或空间上的理解,以及对其未来状态的预测。态势估计模块输出态势感知,态势感知是成功决策的重要基础。态势估计的关键步骤是:收集原始数据,验证观测值,将数据融合到更高层次的概念中,分析态势的影响,推断友军或敌军的意图。

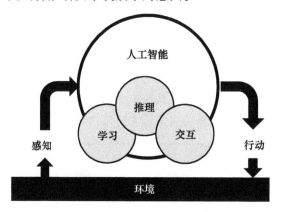

图 1.1　认知系统能够感知环境,对态势进行推理,
并采取行动实现目标。它能从与环境的交互中学习

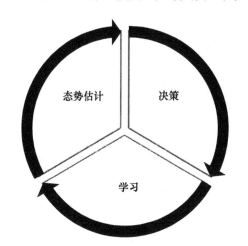

图 1.2　认知系统能够迭代地执行态势估计、
规划和行动决策,并从经验中学习

执行监控:是态势估计中的一项活动,其实质是评估精心策划的行动成功的可能性。态势估计面临的主要挑战包括数据的多样性、数据接收时间的延迟以及环境的可观测程度。

决策:包括设定目标和确定实现目标的可行方法。认知系统必须对目标的优先度进行排序,了解不同行动的收益和代价,并解决不同目标的冲突。其主要挑战包括资源管理、多参与者和行动的不确定性,特别是问题域中环境的不断变化。

学习：从以前的经验中提取信息，以改善电子战系统的后续表现。机器学习技术可以提取解释观测值或行为的规则，也可以构建数据性能的近似函数。其主要挑战包括数据异构、数据缺失和偏差管理。

图1.3展示了这3个功能，以突出不断提高的认知水平。简单的传统电子战系统通过电子支援来识别已知信号，并根据对知识库的查询结果采取响应措施。每项人工智能技术都会提高电子战系统的整体认知水平。图1.3所示布局还提供了一种评估和比较电子战系统能力的方法。Horne等提出了一种认知映射方法，通过记忆、筹划和算法复杂性来分解决策组件[4]。

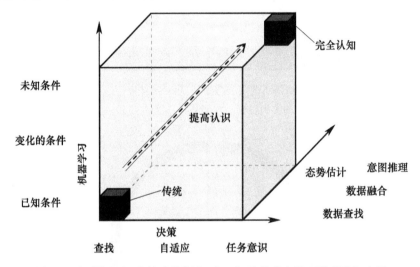

图1.3　根据图1.2中给出的概念，人工智能技术有助于提高认知水平

认知循环类似于军事环境中常用的观察、判断、决策和行动（observe，orient，decide，and act，OODA）循环[5]。OODA循环和认知循环之间的主要区别在于OODA描述了一个作战过程，认知发生在遵循该过程的人身上。例如，由认知系统开展的态势估计为人类操作员提供了态势感知结果。

1.2　电子战简介

电磁（electromagnetic，EM）频谱作战（electromagnetic spectrum operation，EMSO）包括利用、进攻、保护和管理电磁环境等用以实现指挥官目标的所有军事行动。电子战的重点是如何控制频谱或使用电磁频谱攻击敌人，包括红外频谱、光谱和微波频谱[6-7]。本书中涉及的许多人工智能技术也适用于网络等其他领域,如信息战[8],但我们并未专门讨论这些领域。

电子战(electronic warfare,EW)是任何使用电磁频谱或定向能来控制频谱、攻击敌人或阻止敌人攻击的行动。电子战的目的是剥夺对手的优势,并确保友军不受阻碍地使用电磁频谱。电子战可通过有人和无人系统从空中、海上、陆地或太空实施,作用对象可为人类、通信、雷达或其他资产(军事和民用)。

——美国参谋长联席会议主席,2012[9]

联合出版物3-13.1:电子战

电子战包括以下核心概念。

电子支援:指认知频谱——谁在使用频谱,以及如何、何时、何地使用频谱。电子支援需要检测、拦截、识别和定位电磁频谱能量,理解它的使用方式,并确定是否存在任何可识别、可利用的模式。

电子防护:指为保护友军节点免受频谱变化(如干扰或噪声)造成的任何不良影响而采取的行动。该行动选择策略来保持通信或雷达系统性能的正常发挥。电子防护研究通常围绕抗干扰和雷达对抗技术展开。本书中,我们还讨论用于保护通信和雷达系统的电子防护技术。电子防护的策略包括频率捷变、波形设计、天线方向和信号处理等。

电子进攻:指阻止对手获取己方的射频频谱的电子战行动。电子进攻使用攻击性电磁能量来削弱或拒止对手对频谱的获取,或者通过传达误导性信息来欺骗对手。具体措施包括拒止、削弱、干扰、欺骗、破坏等。

电子战作战管理:监督电磁频谱作战的各个方面以提高作战效能,包括管理不断变化的任务优先级、评估协同效果以及协调其他作战要素。电子战作战管理的一个关键方面是与电子战军官交互并为其提供支持。

电子战战斗损伤评估:能够评估电子进攻的效能,并为操作员或电子战系统提供反馈,使操作员或系统能够实施更有效的电子进攻。电子战战斗损伤评估结果馈入电子支援模块,并且通常作为电子支援模块的一部分。

电子战重编程:对自卫系统、进攻性武器系统和情报收集系统进行功能改变。电子战重编程活动分为战术、软件和硬件三大类,使指挥官能够及时对对手威胁系统的变化做出响应,弥补己方电子战系统缺陷,并改变系统功能以满足特定的情景或任务要求。

电子战手册[10]对于电子战的原理和概念进行了详细的介绍,具有很好的参考价值。

从人工智能技术应用的角度来看,电子防护和电子进攻可以被等同对待,唯一的区别是电子防护定义与自身相关的目标,而电子进攻定义与对手相关的目标,因此电子进攻效果更难评估。通信和雷达系统也是如此,虽然可用的人工智能技术是相同的,但通信系统有更具挑战性的分布式决策需求,且具有更多时延、更多协调和更细微的性能指标集。

表1.1 显示了1.1 节中介绍的常用人工智能术语到这些电子战概念的映射。Haykin 的感知—行动循环[11]和 Mitola 的观察—判断—计划—决策—行动—学习(observe – orient – plan – decide – act – learn,OOPDAL)模型[1]提供了人工智能术语到各环节的映射方式。

表1.1 电子战活动和人工智能对应物

人工智能术语	电子战术语
态势估计	电子支援
决策	电子防护和电子进攻 电子战作战管理
执行监控	电子战战斗损伤评估
学习	电子战重编程(数据和软件)

图1.4 说明了不同的人工智能概念和技术如何应用在传统的电子战功能图中。实际上,"发现—定位—跟踪—瞄准—攻击—评估"(find – fix – track – target – attack – assess,FFTTAA)的电子战杀伤链与 OODA 循环和认知循环非常相似。

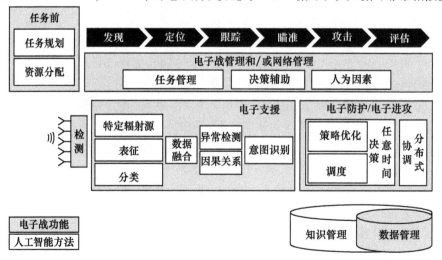

图1.4 人工智能态势估计、决策和学习能力与所有电子战功能相关

1.3 从人工智能的角度看电子战领域面临的挑战

与任何其他智能系统一样,认知电子战必须解决与每个人工智能概念或认知循环阶段相关的挑战。认知电子战领域难以理解,且决策空间庞大而复杂。用户需求为认知电子战系统增加了额外的复杂性。本书致力于解决美国国防部电子战利益共同体面临的认知/自适应和分布/协同两个挑战[12]。

1.3.1 适用于电子支援和电子战战斗损伤评估的态势估计

射频/电子战领域的动态性和复杂性为电子支援和电子战战斗损伤评估的态势估计带来了如下挑战。

动态:分布式认知电子战系统中任何部分的状态都不是静止不变的。对当前态势的大多数估计结果只在短时间内有效,甚至可能在决策活动开始之前就已经失效了。

模糊性:一些观测值可能有多个原因或暗示有多个结论。检测和理解态势变化并不总是那么容易。例如,电子战系统如何自动区分物体是短期褪色还是进入建筑物之中?

部分可观测:对电磁频谱有影响的许多因素无法被观测。例如,很少有包含"雾"传感器的作战平台。众所周知,电子战战斗损伤评估很难准确完成。一些节点可能能够感知事件,而其他节点则不能。

复杂的交互:对于许多控制参数之间以及控制参数与系统性能之间的相互影响知之甚少。虽然电子战系统通常可以确定特定的交互关系,如增大功率会缩短电池寿命,但一般情况下这些交互关系是在实验室环境中研究得出的,结论并不能直接应用到实际电子战系统中。电子战系统现场校准能够发现一些交互关系,但通常仅限于最重要的性能参数,因为确定交互关系的校准工作开展起来既耗时又昂贵。因此即使在实验室中,许多参数之间的交互关系也很少研究。

复杂的时间反馈循环:在电子战节点内,某些活动以非常快的速度发生,需要迅速地反馈来支持认知控制。其他活动存在于更长的时间范围内,因此需要更长的时间窗口来分析更多的影响因素。跨节点的决策与其效果间还有更长的反馈周期。时间循环的多样性及反馈延迟差异的显著性意味着将行动及其结果关联起来特别具有挑战性。

这些特点导致了训练数据严重缺乏的重大挑战。在复杂的电子战领域中,不可能收集足够的系统表现数据样本。例如,虽然可以收集有关 Wi – Fi 性能的许多数据样本,其中节点具有一定的移动性,但对于高度移动的设备、多种天气模式、复杂的任务和新的波形样式,情况并非如此。合成数据可以反映某些变化(如信道效应),但这些数据既不够真实也不够全面,无法反映系统面临的所有情况。第 8 章给出了应对训练数据缺乏的方法。

考虑到对抗性环境,这一挑战更加严峻:在第 0 天的作战行动中,由于数据不足很可能无法真正了解对手的战术和能力。但是随着冲突态势的发展,电子战系统不断积累数据,在第 1 天到第 N 天的作战行动中,电子战系统对对手战术和能力判断的准确性会越来越高。

电子战系统必须能够从非常少的数据样本中学习,即使在任务执行期间也是如此。

1.3.2　适用于电子进攻、电子防护和电子战作战管理的决策

电子战领域的许多特点也为电子进攻、电子防护和电子战作战管理的决策带来了挑战。作战环境和可用设备为决策者施加了必须遵守的约束,包括以下几方面。

动态:军事任务变化、用户需求变化、平台加入或退出、硬件故障以及移动性导致通信连接状态的持续波动。每次情况变化都会增加决策的复杂性。

资源受限:电子战节点通常对尺寸、重量和功耗(size, weight, and power, SWaP)有严格的限制。功率管理是远程作战的关键要求。单个节点可能有能力完成给定的电子战任务,但这样做会耗尽其资源。降低单个节点资源消耗的一种策略是将任务分配给多个节点,但这样的话节点间的通信又成为系统必须考虑的约束。

分布:由于受限的通信和频繁的断连,节点必须有意识地权衡本地快速决策的好处与跨节点协调获得的优势。独立电子战系统或平台的时延明显低于联网电子战系统。

多样化:分布式电子战环境中的节点可能具有多种能力,这些节点包括小型手持无线电、具有卫星通信(satellite communication, SATCOM)的大型平台或装备现代雷达系统的飞机等。节点可能安装了不同的射频天线组件和内存、CPU 等计算单元。节点的多样性还体现在不同制造商或不同版本的类似设备、传感器的操作上。节点的这种异构性要求不同节点上有不同的解决方案,从而额外增多了软件层的多样性。

大规模:每个节点都有许多可观测量和需要设置的可控参数,且这些参数

可能是连续值。当前的认知电子战系统没有公开所有理论上可用的控制参数。每个节点在每个时间步可以采用的最大策略数是 $\prod_{v_c} v_c$，其中 v_c 是控制参数 c 的可能取值的数量。即使所有 $\bar{c}_n$ 个控制参数都是简单的二进制开/关，每个节点在每个时间步就有 $2^{\bar{c}_n}$ 个策略。当一个控制参数是连续值时，就有无数种配置。

宏观影响：与电子战交战本质上无直接关系的因素也会影响交战结果。例如，红方平台机动范围超出蓝方电子战系统波束覆盖范围，或者电子战系统在与红方威胁平台交战期间没有或只是偶然辐射电磁波，都会影响任务的结果。

这些挑战产生了分布式、异构、低通信、部分可观测、高延迟、指数级优化问题。因此，一般情况下，认知控制绝不简单：某一层次出现问题可能并非需要更改该层次的节点配置；需要更多的信息才能确定问题出现的层次或时间；一个模块中的更改可能会影响其他模块，并可能导致新问题；更改节点配置的时间点可能至关重要。然而，实际上挑战并不像看起来那么大。首先，从工程的角度来看，不需要"真正"的最优解，实际上可能有许多"足够好"的解决方案（5.3节）。其次，电子战系统实体性能和交战进程都限制了问题的规模。

在其他领域，人工智能技术解决了这些挑战中的大部分问题，尤其是解决了物理实体系统中的许多挑战，电子战领域与这些系统（如机器人）具有一些相似的特征。然而，在认知无线电（cognitive radio，CR）和电子战领域，人工智能技术的应用才刚刚起步。我们需要将这些技术引入电磁频谱作战从而很好地解决这些问题。

人工智能刚刚开始探索的一个值得注意的问题是自动异构互联。网络界历来有一个非常强大的规范，即所有节点都必须设计并最好是静态地配置为可互操作[13]，这是由一组同构节点构建的典型自组织网络。认知无线电网络打破了这一假设：每个节点都可以有一个独立的认知控制器，因此网络节点可能是异构的，并且可能具有不可互操作的配置①。同时，传统人工智能一直假设通信是"安全的"，仅需要对应用层任务进行协调[14-16]。此外，它们通常还需要非常高的通信开销。同构性和安全通信的假设完全属于 8 种分布式计算谬论（图1.5）。ADROIT[18]是第一个演示异构移动自组织网络（mobile ad hoc network，MANET）的系统，它为每个节点提供学习系统来完成节点配置，明显区别于传统网络要求同构配置的特点。5.4 节讨论了应对分布式协同挑战的方法。

---

① 另一种方法是为多个节点设置一个认知控制器；在减少协调问题的同时，通信开销和延迟显著增大，智能控制容易受到网络分区的影响。

图 1.5　在设计分布式认知电子战系统时，不能成为 Peter Deutsch 和 James Gosling 于 1994 年讨论的 8 种经典分布式计算谬论的牺牲品[17]。若电子战中出现这些谬论，会使得电子战作战结果不容乐观

1.3.3　用户需求

除上述因素之外，用户的下述需求为认知电子战系统增加了另一层复杂性。

复杂的访问策略：由于数据、节点和任务的异构性质，访问策略可能会制约节点集保存或传输特定数据。

复杂的多目标性能要求：多个用户有互不相同的需求和策略，因此需要一个复杂的多目标函数[19]反映任务和环境特点。电子战系统几乎不可能同时使所有目标结果达到最优。因此系统必须选择能够对不同目标函数的优化程度做出权衡的特定配置。目标函数包括资源使用、电子支援/电子防护/电子进攻的联合优化、通信和雷达的联合优化以及检测概率（probability of detection，PD）与虚警概率（probability of false alarm，Pfa）等。

受约束的行为：所有的认知电子战系统设计人员都希望实现实时任务中机器学习。从用户的角度来看，系统可能会学习到不适当的行为。认知电子战设计不仅约束它能采取的新行为，同时还能处理新的、意外的情况。

最终，这些因素会影响人类利益相关者对人工智能系统信息收集、态势估计和决策的信任程度。利益相关者包括希望获得"可验证"和"有保证"性能的采办团队，以及电子战军官（electronic warfare officer，EWO）、机组人员、水手和士兵等。5.1.1 节讨论了多目标优化问题。6.3 节讨论了人机交互问题，第 10 章介绍了智能系统的校核和验证机制。

1.3.4　认知无线电和电子战系统的联系

认知无线电网络在射频通信中实现认知电子战系统的电子防护目标。表 1.2 概述了认知无线电的一些已知和潜在的好处，它们可直接应用于认知电子战。

表 1.2 认知无线电系统的好处及其向认知电子战的转化方法

认知无线电的好处		认知电子战的好处
射频通信,与用户无缝连接	→	电磁频谱作战对用户来说也必须是无缝的。此外,组网雷达电子战系统需要底层通信
自调节无线电网络	→	电子战系统还必须能够自我配置和自我调整,特别是考虑电子战杀伤链的快速运转要求
在代价、速度、功耗、可用性、及时性和资源使用方面具有更好的表现	→	在代价、速度、功耗、可用性、及时性和资源使用方面具有更好的表现。通信或雷达中的电子进攻行动结果也通过电子战战斗损伤评估来评判

认知无线电概念的提出是为了解决射频频谱使用效率问题[20-22]。认知无线电技术有望成为频谱管理领域的变革性力量。所有电磁频谱作战行动都可以利用这些新的频谱管理方法和机会式频谱接入技术。此外,机会式频谱接入意味着认知无线电模块一定程度上实现了频谱态势感知,这也是智能电子战系统的一个重要方面。认知无线电网络研究领域也在探究异构无线电的管理方法,这一概念也适用于多智能体、异构电子战系统[23-26]。第五代蜂窝网络 5G 也与电子战环境有相似之处。标注 11.1 概述了第五代蜂窝网络 5G 的一些应用案例和认知方法。

许多已公开的认知无线电工作涉及多路访问问题,而不是对抗环境中的频谱使用问题。此外,在认知无线电研究中通常假设不同实体是合作的且具有相似的目标,而电子战总是对抗性的。第 5 章阐述了在对抗性环境中进行目标优化的方法。

1.3.5 电子战系统设计问题

认知电子战系统必须具备态势估计、决策和学习能力。系统需求决定了它要包含哪些组件以及在系统设计过程中要提出什么问题[20,27-29],具体包括以下几个方面。

决策:决策应该是集中式还是分布式? 应该使用哪些决策算法? 如何定义优化函数? 能否利用领域的物理特性以及交战的进程来减小状态空间? 第 5 章和第 6 章分别论述了电子防护/电子进攻与电子战作战管理的决策。

学习:如何定义合适的学习任务? 学习应该是有监督的、无监督的还是半监督的? 哪些测量值或特征应该作为学习任务的基础? 如何处理过去所有观测值和决策的数据组合爆炸问题? 第 4 章描述了电子支援中的多种学习任务,

第 8 章研究了数据管理问题。

感知:如何评估频谱感知结果的准确性? 能提高传感器精度吗? 在不产生无法承受的延迟的情况下如何使认知电子战系统实现空间分布节点的协同感知? 能否利用数据冗余来补偿或纠正错误? 如何应用远程射频感知、多功能射频感知和无源射频感知等感知手段? 4.3 节讨论了一些人工智能可以提供支持的数据融合问题,8.1.1 节讨论了对数据、数据不确定性以及来源进行记录的必要性。

安全:什么时候需要加密数据? 如何采取避免违反安全规定的策略,特别是考虑到高动态环境和任务? 如何在不影响系统性能,特别是准确性和延迟的情况下保护数据和模型? 能否确保模型即使被敌方得到也不能被实施逆向工程? 8.3.5 节讨论了一些与此相关的安全问题。

软件架构:如何解决电子战系统的全局优化问题,包括平台网络的全局优化和每个模块中每个节点的内部优化? 9.1 节更详细地分析了与此相关的软件架构问题。

硬件设计:如何设计适用于认知控制的射频系统? 能否有效地设计出具有认知结构的多功能硬件系统? 可以在平台的 SWaP 约束中嵌入哪些计算单元? 什么数据压缩技术可以有效地且最大限度地减少数据丢失? 9.3 节概述了一些硬件设计的注意事项。

1.4　选择人工智能方法还是传统方法

与传统方法相比,人工智能解决方案不那么脆弱,更容易移植到不同的问题上,并且更具可扩展性。但人工智能并不适用于所有问题。

人们不需要大型计算机就能获得令人比较满意的结果。虽然如此,大多数人工智能从业者还是会选择 SWaP 约束下尽可能大的计算能力。

基于人工智能的方法可以扩展到所有可用硬件,包括较小的硬实时嵌入式系统。例如,Haigh 等提出的认知电子防护系统[30]能够学习如何在各种新的干扰条件下保持通信。策略优化器(strategy optimizer,SO)使用了机器学习中的支持向量回归机技术[31],使策略优化器能够在不到 1 秒的时间内在 ARMv7 处理器上实现实时任务中学习。更多细节详见示例 7.1。

因此,问题是如何在传统方法和基于人工智能的方法之间进行选择。从广义上讲,如果问题模型是准确的,那么传统方法可能比基于人工智能的方法更有效。例如,如果物理特性考虑了所有相关的交互,并且经验数据不会显著地改变系统功能,那么物理模型是更好的选择。有关示例请参见电子战手册[10]。

人工智能方法和传统方法应该能够在电子战平台上共存,执行适合各自优势的任务。根据观测结果、可用条件和问题的不确定度,两者都可以成为给定任务的最终完成者。同样,这两种方法可以并行运行,并将结果融合起来获得最终结果。

我们可以根据 1.3 节中的任务特征来评估问题领域。其中,最有效的特征是问题的分布性、复杂性或动态性。图 1.6 显示了表示这些特征的轴线,轴线的属性决定何时应用更传统的方法以及何时需要基于人工智能的方法。

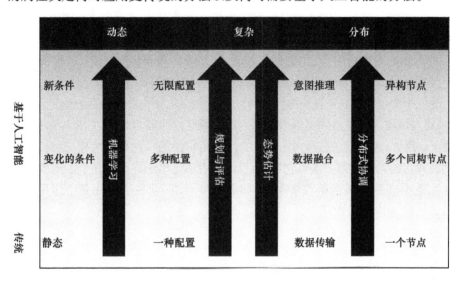

图 1.6　领域问题的特征决定了人工智能是否有用或必要

当问题边界高度不确定时,分布式协同或多智能体技术变得越来越重要。如果单个节点可以完成任务,电子战系统就不需要融合对同一对象的不同观测值、协商任务分配或协调动作。在多个同构节点构成的编组中,每个节点都可以对队友做出预设,从而最大限度地减少通信并加强协同。异构节点的存在使得电子战系统必须跨节点分配资源和任务,并在任务期间动态更新这些分配,同时最大限度地减少通信开销。大多数基于人工智能的分布式协调方法能够比传统控制系统生成更具弹性的计划。网络化电子战系统具有松耦合的任务协调机制,如决定哪些节点应该进行替代干扰或成为通信中继,哪些节点同时还具有紧耦合的任务协调机制,如执行分布式相干传输。

当数据仅仅需要从一个节点传输到另一个节点时,就不需要从数据中提取任何知识。当传统模型能够高效准确地提取有用信息时,人工智能也就不太可能获得更好的信息提取结果。当问题非常复杂时,对于态势估计技术,数据理解就变得非常重要。数据融合将不同的数据源、可能收集的不同类型的数据或多个节点上的相同类型的数据汇集在一起。数据类型区别越大,时间特征越多样化,就越需要采用数据融合技术。计划识别和意图推理技术使系统能够理解参与者的意图,无论他们是用户还是对手。为了保持系统性能,电子防护系统需要识别用户的意图。当了解了对手的意图时,电子进攻系统的作战效果才能更突出。

规划和调度技术的应用解决了由于领域问题复杂性增大而带来的决策难题。如果电子战系统只做一件事,即只有一种功能,那么传统的控制方法是合适的。简单的规则可以管理少量可能的配置。当存在许多可能的配置时,应用规划、调度和优化方法就变得很必要了。在大多数电子战系统中,控制参数可以通过多种方式进行组合,加之电子战系统可能会遇到无数种情景,由此可能产生无数种电子战系统配置。因此,基于人工智能的决策至关重要。

第三个关键领域特征是动态性。当领域是静态的,预先配置的系统就足以完成任务;而当领域是动态的,并且系统面对的是不断变化的环境时,自适应方法就变得必要了。例如,选择适合已暴露干扰机的电子防护措施。这些响应措施可以通过手动或非实时机器学习方法事先进行设计,然后通过电子战重编程上传到系统。

当电子战系统遇到新的情况时,如新型发射机,则在实时任务中应用机器学习方法就变得至关重要。

分布式协同、态势估计、决策和机器学习技术领域支持充满活力的人工智能研究,都有专门的技术会议和出版物。学术界正在研究针对上述领域的多种方法,认知电子战界可以从中选择适合可用硬件的方法。本书的每章都将讨论相关的方法,并强调系统架构师应该做的方法权衡。

人工智能将带来什么样的预期结果?哪些数据可以作为机器学习解决方案的基础?问题的特点是否需要基于人工智能的解决方案?

经验总结:在没有充分了解问题的情况下,不要选择解决方案,如功能很强或很新的人工智能技术。

1.5　本书导读

本书的后续章节介绍了构建完整认知电子战系统所需的概念和技术,它们由图 1.4 中的组件构成。

第 2 章阐述了驱动决策的目标函数问题。

第 3 章介绍了机器学习的简短入门①,讨论了算法选择的必要权衡。

第 4 章介绍了电子支援的态势估计问题。

第 5 章讲述了如何在时间受限和分布式设置中为电子防护和电子进攻选择策略。

第 6 章介绍了电子战作战管理和人机界面(human-machine interface,HMI)问题,还涉及资源管理、不确定性和对手等规划问题。

第 7 章探讨了任务中实时规划和学习,包括电子战战斗损伤评估。

第 8 章介绍了数据管理过程和实践问题。

第 9 章介绍了软件和硬件架构方面的注意事项。

第 10 章讲述了认知系统的测试与评估问题。

第 11 章给出了认知电子战系统的初步构建实践。

1.6　小　　结

构建认知电子战系统需要了解人工智能可以提供哪些帮助以及在哪些方面提供帮助:态势估计用于电子支援和射频环境认知,决策用于电子防护/电子进攻/电子战作战管理措施选择,机器学习用于后续电子战作战效果的优化。

快节奏且复杂的电子战作战环境非常适合人工智能技术的应用,但开发可在该环境中部署运行的认知电子战系统却存在挑战。完全认知电子战系统需要学习和推理算法的进步、快速决策的发展、标注数据的管理方法以及支持认知推理的系统架构。

但是,你可以从电子战系统面临的小问题开始应用认知技术,然后不断增强系统认知能力以解决重大难题,第 11 章阐述了这样的渐进步骤。

千里之行,始于足下。

——中国谚语,出自公元前 6 世纪老子所著的《道德经》

---

① 当 primer 指的是涵盖主题的基本元素时,这个词的发音是 primmer,使用 sit 中的 i。当 primer 指的是底漆时,它的发音是 pr-eye-mer,使用 five 中的 i。

参考文献

［1］ Mitola J. , III, "Cognitive Radio for Flexible Multimedia Communications," in *International Workshop on Mobile Multimedia Communications*, IEEE, 1999.

［2］ Haykin S. , "Cognitive Radar: A Way of the Future," *IEEE Signal Processing Magazine*, Vol. 23, No. 1, 2006.

［3］ Kline R. , "Cybernetics, Automata Studies, and the Dartmouth Conference on Artificial Intelligence," *IEEE Annals of the History of Computing*, Vol. 33, No. 4, 2011.

［4］ Horne C. , Ritchie M. , and Griffiths H. , "Proposed Ontology for Cognitive Radar Systems," *IET Radar, Sonar and Navigation*, Vol. 12, No. 12, 2018.

［5］ Boyd J. , Destruction and Creation, Unpublished essay, 1976. Online: http://www. goalsys. com/books/documents/DESTRUCTION_AND_ CREATION. pdf.

［6］ US Air Force, Curtis E. Lemay Center for Doctrine Development and Education, *Annex 3 – 51: Electromagnetic warfare and electromagnetic spectrum operations*, Downloaded 2020 – 01 – 23, 2019. Online: https://tinyurl. com/ew – emso – pdf.

［7］ De Martino A. , *Introduction to Modern EW Systems*, Norwood, MA: Artech House, 2013.

［8］ Poisel R. , *Information Warfare and Electronic Warfare Systems*, Norwood, MA: Artech House, 2013.

［9］ Chairman of the Joint Chiefs of Staff, *Joint publication 3 – 13. 1: Electronic warfare*, 2012. Online: https://fas. org/irp/doddir/ dod/jp3 – 13 – 1. pdf.

［10］ Avionics Department, "Electronic Warfare and radar systems engineering handbook," Naval Air Warfare Center Weapons Division, Tech. Rep. NAWCWD TP 8347, 2013.

［11］ Haykin S. , *Cognitive Dynamic Systems: Perception – action Cycle, Radar, and Radio*, Cambridge University Press, 2012.

［12］ Boksiner J. , *Electronic Warfare (EW) S&T Community of Interest (CoI)*, 2018. Online: https://tinyurl. com/ew – coi – 2018.

［13］ Haigh K. Z. , et al. , "Rethinking Networking Architectures for Cognitive Control," in *Microsoft Research Cognitive Wireless Networking Summit*, 2008.

［14］ Malone T. , and Crowston K. , "The Interdisciplinary Study of Coordination," *ACM Computing Surveys*, Vol. 26, No. 1, 1994.

［15］ Modi P. , et al. , "ADOPT: Asynchronous Distributed Constraint Optimization with Quality Guarantees," *Artificial Intelligence*, Vol. 161, No. 1 – 2, 2005.

［16］ Zhang X. , Lesser V. , and Abdallah S. , "Efficient Management of Multi – Linked Negotiation Based on a Formalized Model," *Autonomous Agents and Multi – Agent Systems*, Vol. 10, No. 2, 2005.

［17］ Thampi S. , *Introduction to Distributed Systems*, 2009. Online: https://arxiv. org/ abs/0911. 4395.

［18］ Troxel G. , et al. , "Enabling Open – Source Cognitively – Controlled Collaboration Among Software – Defined Radio Nodes," *Computer Networks*, Vol. 52, No. 4, 2008.

［19］ Haigh K. Z. , Olofinboba O. , and Tang C. Y. , "Designing an Implementable User – Oriented Objective Function for MANETs," in *International Conference on Networking, Sensing and Control*, IEEE, 2007.

［20］ Nguyen V. T. , Villain F. , and Le Guillou Y. , "Cognitive radio RF: Overview and challenges," *VLSI Design*, Vol. 2012, 2012.

［21］ Mitola J. , and Maguire G. Q. , "Cognitive Radio: Making Software Radios More Personal," *IEEE Personal Communications*, Vol. 6, No. 4, 1999.

［22］ Haykin S. , "Cognitive Radio: Brain – Empowered Wireless Communications," *IEEE Journal on Selected Areas in Communications*, Vol. 23, No. 2, 2005.

［23］ Trigui E. , Esseghir M. , and Boulahia L. M. , "On Using Multi – agent Systems in Cognitive Radio Networks: A Survey," *International Journal of Wireless & Mobile Networks*, Vol. 4, No. 6, 2012.

［24］ Rizk Y. , Awad M. , and Tunstel E. W. , "Decision Making in Multi – agent Systems: A Survey," *IEEE Transactions on Cognitive and Developmental Systems*, Vol. 10, No. 3, 2018.

［25］ Dorri A. , Kanhere S. S. , and Jurdak R. , "Multiagent Systems: A Survey," *IEEE Access*, Vol. 6, 2018.

［26］ Tang H. , and Watson S. , "Cognitive Radio Networks for Tactical Wireless Communications," Defence Research and Development Canada – Ottawa Research Centre, Ottawa, Tech. Rep. , 2014.

［27］ Haigh K. Z. , "AI Technologies for Tactical Edge Networks," in *MobiHoc Workshop on Tactical Mobile Ad Hoc Networking*, Keynote, 2011.

［28］ Cabric D. , "Cognitive Radios: System Design Perspective," Technical Report No. UCB/ EECS – 2007 – 156, Ph. D. dissertation, Electrical Engineering and Computer Sciences, University of California at Berkeley, 2007.

［29］ Guerci J. , *Cognitive Radar: The Knowledge – Aided Fully Adaptive Approach*, Norwood, MA: Artech House, 2010.

［30］ Haigh K. Z. , et al. , "Parallel Learning and Decision Making for a Smart Embedded Communications Platform," BBN Technologies, Tech. Rep. BBN – REPORT – 8579, 2015.

［31］ Üstün B. , Melssen W. , and Buydens L. , "Facilitating the Application of Support Vector Regression by Using a Universal Pearson VII Function – Based Kernel," *Chemometrics and Intelligent Laboratory Systems*, Vol. 81, No. 1, 2006.

第 2 章

目标函数

电子战决策面临的挑战是如何构建一个认知控制器,并使之在高度动态的环境中自动保持近似最优。每个决策问题都有以下组成部分。

(1)系统要实现的目标集,每个目标都有明确的重要性。

(2)可供系统用来实现目标的动作集。

(3)判断结果的评估方法集。

有了这 3 个组成部分,电子战系统就可以根据不断变化的任务情况选择最合适的行动。本章阐述了电子战决策的核心问题,即目标集。目标必须与动作相关,并且可在实践中优化[1-4]。因此,我们必须使用数学上可优化的目标函数(又称为效用函数)刻画任务目标和约束条件。目标和约束来自用户和任务要求、环境约束以及设备能力。目标函数可以衡量用于评估决策的所有因素,由此系统可以选择可能的最佳解决方案。考虑具有 N 个节点的电子战系统,每个节点 $n \in N$ 都具有:

(1)一组描述射频环境的可观测量 o_n(2.1 节);

(2)决策者可用于改变系统行为的一组控制参数集 c_n(2.2 节);

(3)用于评估系统表现的指标 m_n 及相应的指标权重 w_n(2.3 节);

(4)将指标和权重组合成单个标量值的效用函数 u(2.4 节)。

策略 s_n 是控制参数 c_n 的组合。决策目标是让每个节点 n 选择最大化系统效用 $\tilde{U}_n$ 的策略 s_n。

表 2.1 对这些符号进行了汇总。本书对概念使用非正式的符号。2.4 节介绍了效用函数 u 的正式定义及其近似值 $\tilde{U}_n$。

　　根据系统需求,一种策略可能有助于实现电子防护目标或电子进攻目标,或者两者兼而有之。同样,一种策略可能有助于实现通信目标或雷达目标,或者两者兼而有之。人工智能不区分目标类型或问题领域。领域问题决定了具体的可观测量、控制量、目标和启发式方法。

　　人工智能技术等同适用于电子防护/电子进攻和通信/雷达。目标函数将人工智能技术与问题领域联系起来。

表 2.1　支持构造目标函数的符号量

符号	定义
$n \in N$	节点集合 N 中的节点 n
t	时间戳
o_n	节点 n 的可观测量 o;$o_n(t)$ 是 o_n 在时间 t 时的值,表示为 $\bar{o}_n \equiv |o_n|$
z	不可观测的情景信息
c_n	节点 n 的可控量 c;$c_n(t)$ 是 c_n 在时间 t 时的值,表示为 $\bar{c}_n \equiv |c_n|$
m_n	节点 n 的指标 m,表示为 $\bar{m}_n \equiv |m_n|$
w_n	对应于 m_n 中每个指标的权重,表示为 $|w_n| = \bar{m}_n$
s_n	节点 n 的策略 s;是可控量 c_n 的组合
u	没有精确解析表达式的真实目标函数
$\widetilde{U}_n$	节点 n 的效用的局部估计
$\widetilde{F}_n$	节点 n 的性能曲面的局部模型
U_n	节点 n 处的观测效用
$\hat{U}_n$	节点 n 处的近似最优效用
g_n	关于指标 m_n 和权重 w_n 的函数,用于评估效用 $\widetilde{U}_n$
f_{nk}	关于可观测量 o_n 和可控量 c_n 的函数,用于评估节点 n 的第 k 个指标,可表示为 $m_{nk} = f_{nk}(o_n, c_n) = f_{nk}(o_n, s_n)$ 或简单地表示为 $m_k = f_k(o, s)$

2.1　描述环境的可观测量

　　在电子战中,可观测特征或可观测量是信号环境和任何情景信息的描述。可观测量由电子支援模块计算。每个节点 $n \in N$ 都有一组可能不同于其他节点 $n' \in N$ 的可观测量 o_n,其个数为 $\bar{o}_n$。可观测量可能包括原始值、推理出的结论或总结出来的概念。例如:

(1)接收机的原始同相/正交(in - phase/quadrature,I/Q)数据。

(2)截获到的友军、中立或敌军辐射源的描述。其特征可能包括噪声水平、错误率、高斯性、重复性、与自身通信信号的相似性或地理位置信息、辐射源能力和当前行动模式。

(3)截获到目标的描述,包括载波、脉冲统计和多普勒。

(4)接收机状态的描述,如饱和度与天线特性。

(5)已方软件状态的描述,包括由 IP 堆栈或终端应用程序统计得到的认知无线电设置信息,如消息错误率、队列长度和邻域大小。

(6)任务的描述,包括已知或预测的位置、任务、用户和指挥官意图。

(7)环境的描述,如温度、灰尘或地形。

图 2.1 说明了一些能够反映干扰机差异的可观测量。截获到的每个辐射源都与其自身的可观测量相关联。

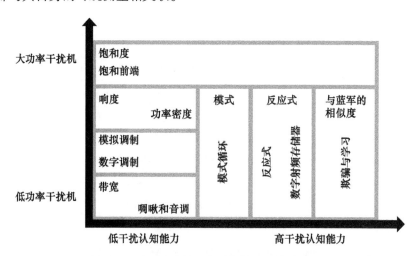

图 2.1　可观测量是允许系统做出决策的特征,
这些可观测量有助于表征干扰机的差异

通常,当推理或总结出来的特征可以基于预期进行抽象或归一化时,决策者可以更容易地确定不同特征的相对重要性。例如,相对于预期,可观测量的取值范围可能为 -1 到 1。部分可观测值可表示为 NaN。

有许多可视化工具可用于反映每个环境的差别。图 2.2 显示了 4 种不同的数据查看方法。其中,条形图使用每个可观测量的平均值来提供快速格式塔感知;箱线图显示了可观测量的分布;散点图显示了每次环境观测所得可观测量的详细分布。

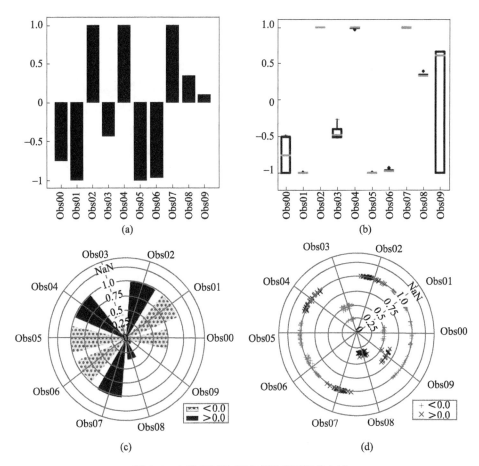

图 2.2　4 种不同的环境观测值可视化方法

（a）非 NaN 值的平均值的条形图；（b）为分布的箱形图；（c）在极轴上绘制的条形图；

（d）在极轴上绘制的值散图。每种可视化方法都使用了相同的底层可观测数据

（图 7.3 对箱形图进行了解释）。

所有模型都是错误的，但有些是有用的。

——George Box [5]

注意，可能存在不可观测的情景信息，表示为 z。这些隐藏变量可能包括广泛的环境因素，如政治、风电场、天气，以及未截获的辐射源或硬件组件故障等。理论上，每个因素都会影响系统的性能，因此在实践中，设计人员应尝试获得所

有相关因素。不可观测因素是电子支援中建模误差的主要来源。物理系统的模型本质上是不准确的,系统的随机表现取决于不可见或不可测的变量。

　　作为首次在电子战系统中使用机器学习的尝试,我们可以使用聚类来确定环境的相似度。聚类是一种无监督的机器学习方法,根据数据相似性[6-7]对其进行分组。我们将可观测特征向量聚类到射频环境中,然后绘制相应的树状图,以便通过可视化方式显示每个环境与其他环境的相似或差别的程度。图2.3显示了有23个不同射频环境的树状图及3个箱形图。连接两个环境的线越短,它们就越相似。env06和env05是两个最相似的环境,形成第一个聚类;然后,这两个环境将与环境对(env16和env13)形成一个新的聚类。env16和env06的箱形图表明,它们实际上非常相似。env21与其他环境非常不同,因此在树状图中距离很远。

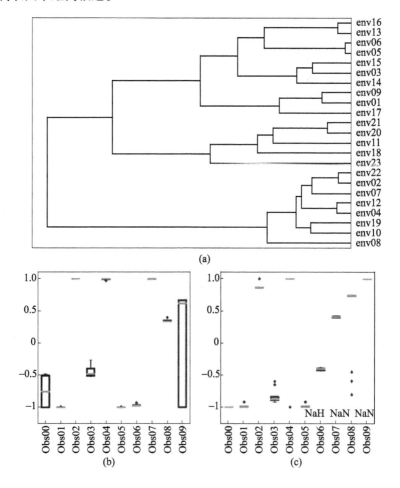

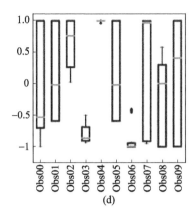

图 2.3　树状图显示了环境之间的相似程度，
每个环境都由箱形图中显示的多个特征描述

(a)树状图,其中 x 轴表示环境之间的距离;(b)env16;
(c)env06;(d)env21(图7.3 对箱形图做了解释)。

　　标准机器学习算法库中提供了许多聚类方法(11.2.1 节)。算法 2.1 展示了如何使用 Scikit – learn[①] 绘制简单的树状图。Scikit – learn 的树状图函数要求数据不包含 NaN 值。因此,cleanNaNs( )函数用每个环境中每个可观测量的非 NaN 值的平均值代替 NaN。

　　标准机器学习算法库不会面向特定需求提供专门的计算方案。用户还需要为嵌入式环境重新实现机器学习算法。K – 均值聚类适用于嵌入式领域,并且是有效的[8];还可以使用已知数据标签作为初始聚类种子。如果系统保持数据样本之间的距离,就可以用于训练支持向量机、保持数据集多样性或使用层次聚类方法进行处理。聚类的最终数量可以由可用内存或类别间距离决定。

算法 2.1　Scikit – learn 软件中以下部分代码绘制了一个类似于图 2.3 的树状图,以显示射频环境的相似度。

```
import csv
import numpy as np
import pandas as pd
import matplotlib.pyplot as plt
from scipy.cluster.hierarchy import dendrogram
from scipy.cluster.hierarchy import linkage
```

---

　　① 针对 Python 编程语言的免费软件机器学习库。

```
####################
# Load a dataset;columns are(Environ)label and
# multiple(obs)
def getData():
    environs = pd.read_csv( 'radardata.csv' )
    environs = environs.set_index('Environ')
    return environs
####################
# Efficient method to replace NaNs with the mu
# for that environ/obs
    def cleanNaNs(df):
    newDF = pd.DataFrame()
    environs = np.unique( df.index )
    for environ in environs:
        # Instances for this environ
        instances = df.loc[ df.index = = environ ]
        # Only replace NaN in columns with NaN values
        nanCols = instances.isnull().any(axis = 0)
        for i in instances.columns[nanCols]:
            # Replace NaN in this col with mean of
            # other vals
            instances[i].fillna(instances[i].mean(),
                                inplace = True )
            newDF = newDF.append(instances)
    return newDF
####################
if _ _name_ _ = = '_ _main_ _':
    df = getData()
    df = cleanNaNs(df)
    nEnvirons = len(np.unique( df.index ))
    fig,ax = plt.subplots(figsize = (12,8))
    Z = linkage(df,method = 'ward')
    dendrogram(Z,truncate_mode = 'lastp',
                p = nEnvirons,orientation = 'left')
    fig.tight_layout()
    plt.savefig('dendrogram.pdf')
    plt.close()
```

2.2　改变系统行为的控制参数

控制参数或可控量反映节点的可用动作。每个节点 n 具有一组对应于平台可用能力的可控量集合,用 c_n 表示,这些参数是平台的"旋钮"或自由度。每个节点的可控量个数为 $\bar{c}_n$。策略 s_n 是控制参数的组合,其中每个控制参数都有一个指定的值。每个节点在每个时间步的最大策略数为 $\prod_{\forall c} v_c$,其中 v_c 是控制参数 c 的可能值的数量。如果所有的可控量都是开/关两种取值,就有 2^{c_n} 种策略,策略的数量远远超出了人类的处理能力。例如,如果有 5 个可控量:c_1、c_2、c_3 是二进制开/关,c_4 可以取 3 个值,c_5 有 10 个值,那么总共有 $2^3 \times 3 \times 10 = 240$ 种不同的策略。当可控量可以取连续值或许多离散值时,每个节点可能有无数种策略。

控制参数由平台有意向外开放以便进行行为调整。通过从多个组件中选择控制参数,可以隐式描述跨层问题。对于认知无线电,这些参数通常是协议栈或无线电上的参数,如可通过管理信息库(management information base,MIB)或任务数据文件(mission data file,MDF)设置的参数。

算法或模块的可选择性允许在线重新配置软件和固件流。每个可用模块都有一个控制参数 x,取值为二进制开/关,当模块应该被调用时 $x = 1$,当模块不应该运行时 $x = 0^{[9]}$。

分层控制参数是指那些仅在启用关联参数或算法时才有效的参数。例如,先应式路由协议需要 hello 消息的周期性,而反应式路由协议需要生存时间阈值。

我们假设有一组异构节点。每个节点都有一个可以设置其功能的优化器,包括射频硬件、FPGA、IP 堆栈中的技术,甚至必要时还可以包括在射频系统之外的措施,如要求平台移动或请求人类用户介入。例如:

(1)天线技术,如波束成形、零点和灵敏度时间控制。

(2)射频前端技术,如模拟可调滤波器或频分复用。

(3)物理层参数,如发射功率、陷波滤波器或傅里叶变换加窗的数量。

(4)媒体访问控制(medium access control,MAC)层参数,如动态频谱访问、帧大小、载波侦听阈值、可靠性模式、单播/广播、计时器、竞争窗口算法(如线性和指数)、邻域聚合算法、驻留时间、脉冲重复间隔和脉冲压缩长度。

(5)网络层或多节点协调参数,如相邻节点搜索算法、阈值、计时器、要在多基地雷达中集成的发射机/接收机对的数量以及要干扰的接收机的数量。

（6）加密设置，如密码和哈希函数。

（7）应用层参数，如压缩（如 jpg 1 与 jpg 10）、方法（如音频与视频）、扫描模式或如何对单个雷达回波进行加权。

（8）雷达/反雷达措施，如调制类型、天线扫描速率和波束指向序列、接收机带宽和驻留时间、空时自适应处理参数（space‑time adaptive processing parameter，STaR）和电子进攻技术。

（9）射频框架之外的措施，如与人或平台交互时的有关技术，包括部署箔条以改变空气的电磁特性，或者部署拖曳阵列以增加空间分集等。

控制参数可能有必要在指标中加以说明的相关代价。代价的来源可包括加速、维持或减速。代价可能反映任何相关指标，包括时间、功率或内存使用情况。代价可能取决于控制参数的取值，如频繁的 hello 间隔计时器将比不频繁的计时器消耗更多的功率和带宽。一组控制参数的代价可能以不同的方式组合。例如，实现延迟是并行代价，而发射功率是相加的。

控制参数可能是互斥的。例如，合成孔径雷达可以控制积分时间或方位分辨率，但不能同时控制两者。

控制参数可能并不总是可用的。例如，在任务的不同阶段可能启用或禁用平台功能（例如，任务的信息收集阶段可能禁用能够显示节点存在的动作，然后在后续阶段启用这些动作）。

人工智能的可变自主性可以支持人类用户启用或禁用系统功能。在可变自主系统中，人类用户可以赋予平台不同程度的自主性[10]。例如，人们可以选择低级别的自主性，如"操纵"一架飞行器，或者选择高级别的自主性，如对平台应监控的感兴趣区域进行地理标记。

2.3　性能评估指标

系统需求直接驱动复杂系统性能评估指标的确定过程。选择合适的指标集可能是创建能够有效自主选择动作的系统的最困难部分。每个指标都必须反映可采取的动作与系统需求之间的联系。指标集应尽可能完整，并且不包括无关的测量数据。指标应该是与系统性能相关的、可测度的、负责任的和数据充足的[11]。

指标分为多个层次，但最重要的两层是影响任务成功和电子战效能的指标，影响任务成功的指标包括平台生存概率和战斗杀伤概率，与军事决策者和用户最相关。指标反映了子组件在不同操作条件下的效能，并且可在设计阶段或通过自我评估和改变行为在线对效能进行直接优化。

评估指标对电子战系统满足任务和态势要求的程度进行了量化。每个节点有 $\overline{m}_n$ 个指标。决策者选择可控量 $c_n(t)$ 来影响指标 $m_{nk}(t' > t)$。指标可以从模型中计算或根据 4.2 节和第 7 章的经验获得。指标包括以下几方面。

效能方面:包括吞吐量、延迟、灵敏度、误码率(bit – error rate,BER)、消息错误率、检测概率、虚警概率、杂波噪声比以及反映干扰能力的相关指标(J/S 或电子战战斗损伤评估)。电子战战斗损伤评估是对对手系统的推断指标,不能直接测量,如雷达跟踪质量(角度、距离、速度、协方差矩阵估计)。

代价因素:包括时间、功率、控制开销、时间线占用、检测概率,甚至平台磨损。

其他概念:包括决策不确定性、启发式偏好或应对意外的灵活性。例如,设计人员可能更喜欢基于 FPGA 的行动而不是基于软件的行动,或者让系统随着时间的推移保持相对稳定(在每个时间步都不改变动作)。信息价值(6.1.4节)也可以当作一个重要指标。当系统使用机器学习来学习模型 $f_k(o,s)$ 时,决策置信度或应用领域可能成为重要的指标。统计模型的应用领域是模型有望给出可靠预测的基本模式的子集。

Haigh 等[1]研究了 4 个潜在指标:①多个异构流量的应用层服务质量(quality – of – service,QoS)要求;②电池寿命的节点层约束;③检测概率的节点级约束;④作为应用级数据传输副产品的网络带宽消耗。

指标和可观测量之间存在固有的紧密关系,因为它们可以以任何一种方式使用。例如,误码率可以是支持低截获概率/低检测概率(low probability of in-tercept/low probability of detection,LPI/LPD)的可观测量,也可以是电子防护系统旨在最大程度降低的指标。选择将特征称为指标还是可观测量是由任务和问题决定的。在构建系统时,通常适合从最简单的指标(最容易测量的指标)开始,同时使用更复杂或推断的特征作为可观测量。一旦系统稳定下来,就可以将特征从可观测量转换为指标。例如,初始系统可能会优化误码率,然后扩展到更广泛的吞吐量和延迟概念。

每个指标都可能有一个对应的权重,用于衡量该指标如何影响整体性能。可以使用一个标量值计算指标的加权和。lambda 函数可以使用更灵活的结构来处理不一致或非线性的指标。例如,如果误码率高于阈值,或者延迟超过可接受的时间限制,就可以将指标置零。图 2.4 描绘了一些可能的权重函数。

指标值应进行归一化处理,以便将大值与小值置于相同的数量级进行评估。指标可以用线性标度或对数标度(如 dB)来表示。归一化方法可能因选择的数值单位不同(是线性标度还是对数标度)而不同。权重控制它们的相对值。在最大化效用时,效能指标将具有正权重,而代价将具有负权重。

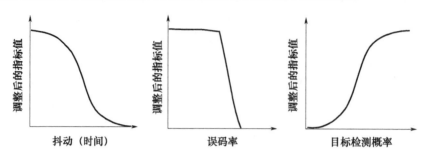

图 2.4　权重可以以不同的方式修改指标值,并且可能会根据任务而改变,
如辐射源是否处于搜索、截获或跟踪模式

最有效的指标是能够快速衡量反馈的指标。反馈结果由电子支援/战斗损伤评估计算,并呈现为指标的观测值,以与学习模型估计的值进行比较。相关的问题包括以下几个。

(1)可以直接测量指标吗? 误码率可以直接测量,而电子战战斗损伤评估结果则是推断出来的。系统可以使用这两种类型,但直接可测量的指标更容易被分析和使用。

(2)有多少节点参与测量? 误码率可在单个节点上测量,往返时间由单个流中的所有节点测量,电子战战斗损伤评估指标可在局部或在一小组节点上构建。通常,节点数越少,计算速度越快,指标精度越高。多节点测量会引入延迟,可以使用共识传播等技术来计算[12]。

(3)反馈有多快? 误码率是相对瞬时的,吞吐量有以秒为单位的延迟。目标跟踪精度通常以分钟为单位来度量,而在任务中丧生的人数则以小时或天为单位度量。随着反馈间隔的增加,电子战系统更难将特定动作与其效果联系起来。虽然从理论上讲,电子战系统可以自动确定这些关系,但所需的时间和数据量变得令人望而却步。

(4)指标值是否随时间或受其他情况的影响而变化? 例如,监视雷达中的目标跟踪以分钟为单位进行测量,但火力控制只需几秒钟即可生成射击解决方案。此外,准确度可能仅对初始射击选择和武器制导的中段/最后阶段有影响。如果电子战系统在 90% 的飞行时间中欺骗了敌方导弹制导雷达,但在最后10% 的飞行时间没有成功实施欺骗,它仍然评定为失败。必须在指标最适用时对其进行评估,以确保其在整体交战结果成功的背景下具有意义。其中一些问题可以通过 lambda 函数处理，其他问题可能需要更改效用函数。

2.4　创建目标函数

在自主选择行动的系统中，目标函数用于反映利益相关者的收益。目标函数的结构取决于系统的特定任务和能力。该函数以一种有实际操作意义且在实践中可优化的方式组合指标。标注 2.1 介绍了目标函数的正式定义，以及如何对其进行简化，以便在实践中对其进行优化。

通常，通信目标函数比雷达目标函数更复杂，因为有更多可用的指标。联合优化（电子防护/电子进攻或通信/雷达）增加了额外的复杂性。

在复杂系统中，需求驱动指标和权重的选择以及它们的聚合过程。目标和约束来自用户和任务需求、环境约束和设备能力。Haigh 等[1] 提出了一种允许通过策略包在任务中改变目标函数的方法。从所有利益相关者那里准确获取他们关注的目标非常重要。

简单的目标函数是计算指标的加权和：

$$\widetilde{U}_n = \sum_{k=1}^{\bar{m}_n} (w_{nk} \times m_{nk})$$

式中：每个权重 w_{nk} 是一个标量值；每个指标 m_{nk} 是节点的可观测量和可控量的函数，$m_{nk} = f_{nk}(o_n, c_n)$。当权重为 lambda 函数时，目标函数表示为

$$\widetilde{U}_n = \sum_{k=1}^{\bar{m}_n} w_{nk}(m_{nk})$$

当指标之间相关时，目标函数可以使用其他的结构。例如，在截止时间之前的任何通信流都应使用抖动进行评估，但在截止时间之后，再传输数据就没有任何益处。如果延迟 $m_1 < 3$ 是硬约束，抖动 $m_2 = 0$ 是软约束，那么反映上述约束的目标函数可表示为

$$\widetilde{U}_n = w_1(3 - m_1) \cdot e^{-w_2 m_2^2}$$

式中：$w_1(\cdot)$ 为单位阶跃函数；$w_2 > 0$ 为表征抖动软约束程度的参数。图 2.5 显示了该函数的效用值。这里 m_1 和 m_2 的估计值可能分别来自学习模型 $f_1(o, s)$ 和 $f_2(o, s)$。

例如，电子支援系统目标是实现 100% 的截获概率（probability - of - intercept，POI）。达到 100% 的唯一方法是构建持续监测频谱的凝视架构。不能提供持续监测的架构必须实现具有顺序调谐和驻留的扫描模式，以便在辐射源发射时和接收机驻留其频率时截获辐射源。在这种情况下，简化的效用函数是 POI = f

（射频环境可观测量、扫描速率、重访模式、驻留、…、频率）。与大多数战斗损伤评估指标一样，截获概率不能直接测量，必须通过电子支援/战斗损伤评估函数进行计算。

标注2.1 问题的正式定义：目标函数 u 必须简化以使其在实践中可优化。

考虑具有 N 个异构节点的电子战系统。每个节点 $n \in N$ 具有以下内容：

- $\bar{o}_n$ 个可观测特征集合，表示为 $o_n \equiv (o_{n1}, o_{n2}, \cdots, o_{n\bar{o}_n})$。

- $\bar{c}_n$ 个控制参数集合，表示为 $c_n \equiv (c_{n1}, c_{n2}, \cdots, c_{n\bar{c}_n})$。

将不可观测的情景信息表示为 z。

为了表示随时间的变化，将 $c_n(t)$ 表示为在时间 t 时 c_n 的值，对 o_n 和 z 同样如此。

与系统相关联的是实值的标量效用度量函数 $u(t)$，它表征了时间 t 时的全局、全网络范围的性能度量。该度量是自任务开始以来所有节点的全部控制参数、可观测特征和不可观测因素的函数 F：

$$u(t+1) = F(\forall n \in N(o_n(0), \cdots, o_n(t), c_n(0), \cdots, c_n(t), z(0), \cdots, z(t)))$$

目标是解决以下分布式优化问题：

设计一个完全分布式算法，每个节点 n 仅使用其自身先前的可观测特征 $o_n(0), \cdots, o_n(t)$ 和控制值 $c_n(0), \cdots, c_n(t)$ 来确定其控制参数值 $c_n(t)$，从而使每个时间步 t 的 $u(t+1)$ 函数最大化或最小化[1]。

这项工作面临的挑战是，由于不可观测因素 z 和复杂的节点内与节点间相互作用，我们无法精确地建立 F 的解析表达式。因此，本书和相关工作中描述的算法通常通过使用 F 的局部、无记忆近似来简化问题：每个节点都用 $\widetilde{U}_n$ 逼近目标函数 u。

$$\widetilde{U}_n(t+1) = \widetilde{F}_n(o_n(t), c_n(t))$$

$$\forall n \in N, u(t) \approx \widetilde{U}_n(t)$$

本质上，节点 n 假设历史决策（$c_n(t' < t)$）和附近节点（$n' \neq n$）的决策将在 $o_n(t)$ 中隐式可见。

例如，如果邻近节点 n' 增加数据速率，节点 n 将观察到拥塞加剧。当节点 $n' \neq n$ 明确地与节点 $n(o_{n' \neq n}(t' < t)$ 或 $c_{n' \neq n}(t' < t))$ 共享以前的可观测量或控制参数设置时，这些值成为 $o_n(t)$ 中的附加特征。

为了配置节点，在每个时间步 t，每个节点选择一个策略 $s_n(t)$，该策略是能够优化这一层面性能的可控量 $c_n(t)$ 的特定设置：

$$s_n(t) = \text{argmax}_{c_n(t)} \widetilde{F}_n(o_n(t), c_n(t))$$

式中：argmax 也可替换为 argmin。在每个时间步，节点 n 有 $\prod_{\forall c_n v_{c_n}}$ 个候选策略，其中 v_{c_n} 是给定可控量 c_n 可以设置的值的数量。当可控量是连续值时，v_{c_n} 变为无穷大。

为了支持在任务期间改变系统的行为，我们将 $\widetilde{U}_n$ 表示为 $\bar{m}_n$ 个指标 m_n 的组合，并允许用户在任务期间更改相应的权重 w_n[2]。因此，对于节点 $n \in N$，$\widetilde{U}_n(t)$ 是其指标及权重的函数，而每个指标又是该节点的可观测量和可控量的函数。

---

[1] 优化目标可以扩展到计算整个任务的效用，而不是每个接续的瞬时时间 t 的效用。

[2] 权重不需要是标量值；lambda 函数可能适用于某些指标。

$$m_{nk}(t+1) = f_{nk}(o_n(t), c_n(t))$$
$$v_{nk}(t) = (w_{nk}(t), m_{nk}(t))$$
$$\widetilde{U}_n(t) = g_n(v_{n1}(t), v_{n2}(t), \cdots, v_{n\overline{m}_n}(t))$$

函数 f_{nk} 是人工创建或经验学习的模型。函数 f_{nk} 在时间步 t 根据可观测量 $o_n(t)$ 和可控量 $c_n(t)$ 估计指标值 $m_{nk}(t+1)$,从而允许节点 n 上的决策者选择最佳控制设置。

在本书的其他地方,很少需要如此详细的符号。因此,使用简写 $m_k = f_k(o, s)$,或者简单地 $m = f(o, s)$。同样,$\widetilde{U}(s_i)$ 是候选策略 s_i 效用的简写。

与常见符号 $y = f(x)$ 不同,我们明确区分了可观测量和可控量,以便展示系统的决策能力。该符号类似于马尔可夫决策过程的符号,其中奖励表示为状态和动作的函数 $U = R(s, a)$,见 6.1.3 节。

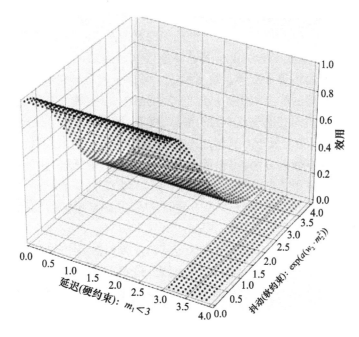

图 2.5　此 QoS 指标结合了延迟的硬约束和抖动的软约束[1],这里 $w_2 = 0.3$

5.1.1 节阐述了使用和优化多目标函数的不同方法。博弈论(6.2 节)可能会使目标函数增加概率指标,以处理由自私但理性的人组成的环境。

2.5　目标函数设计注意事项

从架构设计和实施的角度来看,我们给出以下建议。

（1）选择一个单一的、快速的、易于测量的指标（如误码率）来测试决策过程。

（2）构建结构化函数，以方便添加新指标和新需求，从而处理系统面临的计划内和计划外变更。

（3）在必须将指标组合起来之前，保持每个指标在计算上独立于其他指标，从而支持任务期间优先级的快速变化。值得注意的是，如果使用机器学习技术来发掘可控量与指标 $m_k = f_k(o, s)$ 之间的关系，那么这种指标的独立性更是至关重要的。一些系统会构建单一模型 $\tilde{U}_n = \tilde{F}_n(o, s)$，并隐藏组件指标，这意味着，要么系统永远无法重新分配任务，要么以前的经验必须完全更新。例如，通过将检测概率与虚警概率分开，系统可以沿接收机工作特性曲线（receiver operating characteristic，ROC）动态选择其操作点。

（4）由于不同的节点可能具有不同的能力和要求，因此不同的节点（或节点类型）具有不同的效用函数。由于间歇性连接和动态的网络隶属，跨异构节点集的效用函数也变得更加复杂。效用函数 u 考虑了完全异构节点集合，其中每个节点都具有不同的能力和任务。近似效用函数 $\tilde{U}_n$ 反映特定节点 n 的效用，并且可以使用与任何其他节点不同的指标、权重、可观测量和可控量。

（5）当指标本质上属于多节点范畴时，需要确定节点有效共享信息的机制。共识传播是一种有效的方法，可以最大限度地减少测量延迟，并且不需要系统知道网络中有多少个节点[1,12]。每个节点 n 计算其对共享指标的局部贡献，并在其他节点 n' 对共享指标贡献可用时，融合它们对共享指标的贡献。6.1.4 节讨论了知识共享问题。

（6）不得创建能够为分布式节点确定策略或效用的集中式节点。集中式系统带来了通信延迟、信息不一致和过载问题，最重要的是容易导致单点故障。仅使用集中式节点获取不需要快速执行的指令，并在有足够通信容量的情况下将其作为不可靠的信息存档。

电子战条令中规定的目标可能需要调整或详细说明，以包括传统上未纳入的概念。例如，降低敌方的决策能力或导致后续行动失败这类目标，就可以调整为像破坏飞机自动跟踪或减少对手操作员可单独管理的目标数量。

2.6 小　　结

功能齐全、有效的电子战系统依赖于评估系统性能的目标函数，以便它可以为任务选择合适的策略。目标函数以数学上可优化的方法表示用户目标、任务目标和环境约束。

在此基础上,第 4 章描述了电子支援和作为决策依据的可观测特征,目标函数的构造支持使用原始值、源自物理模型或由学习模型推导出的可观测量。第 5 章和第 6 章讲述了如何决策的目标函数,包括如何使用优化和调度技术为电子防护和电子进攻选择策略,以及如何使用规划方法为长期的电子战作战管理决策提供指导。

参考文献

［1］ Haigh K. Z. ,Olofinboba O. ,and Tang C. Y. ,"Designing an Implementable User – Oriented Objective Function for MANETs,"in *International Conference on Networking*,*Sensing and Control*,IEEE,2007.

［2］ Jouini W. ,Moy C. ,and Palicot J. ,"Decision Making for Cognitive Radio Equipment:Analysis of the First 10 years of Exploration,"*EURASIP Journal on Wireless Communications and Networking*,No. 26,2012.

［3］ Arrow K. ,"Decision Theory and Operations Research,"*Operations Research*,Vol. 5,No. 6,1957.

［4］ Roth E. ,et al. ,"Designing Collaborative Planning Systems:Putting Joint Cognitive Systems Principles to Practice,"in *Cognitive Systems Engineering:A Future for a Changing World*,Ashgate Publishing,2017,Ch. 14.

［5］ Box G. ,"Robustness in the Strategy of Scientific Model Building,"in *Robustness in Statistics*,Academic Press,1979.

［6］ Rokach L. ,and MaimonO. ,"Clustering Methods,"in *Data Mining and Knowledge Discovery Handbook*,Springer,2005.

［7］ Bair E. ,"Semi – Supervised Clustering Methods,"*Wiley Interdisciplinary Reviews. Computational Statistics*,Vol. 5,No. 5,2013.

［8］ MacQueen J. ,"Methods for Classification and Analysis of Multivariate Observations,"in *Berkeley Symposium on Mathematical Statistics and Probability*,1967.

［9］ Haigh K. Z. ,Varadarajan S. ,and Tang C. Y. ,"Automatic Learning – Based MANET Cross – Layer Parameter Configuration,"in *Workshop on Wireless Ad Hoc and Sensor Networks*,IEEE,2006.

［10］ Mostafa S. ,Ahmad M. ,and Mustapha A. ,"Adjustable Autonomy:A Systematic Literature Review,"*Artificial Intelligence Review*,No. 51,2019.

［11］ US Army Headquarters,"Targeting,"Department of the Army,Tech. Rep. ATP 3 – 60,2015.

［12］ Moallemi C. ,and Van Roy B. ,"Consensus Propagation,"*Transactions on Information Theory*,Vol. 52,No. 11,2006.

第 3 章

机器学习入门

　　人工智能是计算机科学中的一个领域,融合了数学、工程学和神经科学中的大量理论。图 3.1 列出了人工智能的机器学习等几个典型子领域。人工神经网络(artificial neural networks, ANN)是机器学习中的众多技术种类之一。

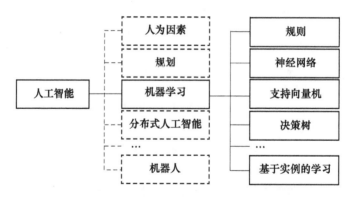

图 3.1　与数学有微积分、几何和代数分支一样,人工智能也有许多子领域,
包括规划、机器学习和机器人(机器学习又包含许多方法)

　　"人工智能"不是"深度学习(deep learning, DL)"的同义词。

AI ⊃ ML ⊃ DL

　　本书不是一本关于人工智能的专著,而是专注于研究人工智能技术在认知电子战中的应用。《人工智能:一种现代方法》一书[1]从构建完整智能体的角度对人工智能的概念进行了深入讨论。

　　第 5 章和第 6 章讨论了规划、优化、分布式人工智能和人为因素概念等人工智能技术,它们构成了决策中的逻辑单元。

机器学习与整个电子战系统具有更广泛的相关性。认知电子战技术依靠机器学习对频谱进行建模,理解参与者并学习如何有效地规划和优化。任务中学习是一个完整的认知电子战系统的重要组成部分,如果没有该功能,系统将永远无法应对新型辐射源。

学习算法使用经验数据来学习空间模型。图 3.2 给出了构建机器学习模型的步骤。每个机器学习模型都按照该基本步骤进行训练和测试。算法 4.1 给出了一个训练和测试循环的底层代码示例。

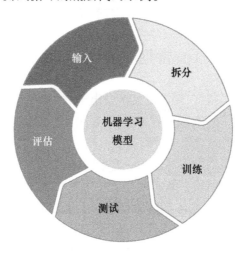

图 3.2　每个机器学习模型都按照相同的基本步骤进行训练和测试

学习算法通常分为有监督和无监督两类,其中前者被赋予真值标签 Y 用于训练。有监督学习使用一定数量的实例 $(X, f(X))$ 创建从输入空间 X 到输出空间 Y 的函数 $f: X \rightarrow Y$。f 是真实输出空间 F 的近似。无监督学习算法仅使用 X 来构建模型,以反映未标记数据中的隐藏模式。例如,有监督的调制分类器用数据的真实调制方式来标记射频环境的每个观测值。无监督聚类算法应用于调制识别时,将在不知道标签的情况下对相似的观测值进行分组,输出 Y 是对应于每个观测值的聚类编号。

半监督的学习方法使用少量的标记数据和大量未标记的数据。在强化学习(reinforcement learning,RL)方法中,学习算法通过在环境中采取动作来收集标签。强化学习构成了第 7 章所述的任务中学习的基础。

表 3.1 列出了机器学习的一些常见应用,本书为电子战提供了许多其他示例。3.6 节介绍了电子战工程师在选择机器学习算法时应做的一些权衡。

11.2 节给出了可用于快速构建认知电子战原型的机器学习工具包及其支撑数据集。

表 3.1　机器学习算法的常见应用

应用	描述	电子战示例
分类	从离散类集合中分配标签(有监督)	4.1.3 节
回归	估计数值(有监督)	4.2 节
聚类	将相似的实例进行分组(无监督)	2.1 节
异常值检测	识别与典型示例截然不同或差异很大的实例(无监督)	4.4 节

3.1　常用机器学习算法

机器学习算法种类很多,图 3.1 仅涉及电子战中使用的几种典型方法。如果需更深入和全面地了解机器学习算法,请参阅文献[2]和[3]。另外,Vink 和 de Haan[4]在目标识别的背景下对机器学习算法进行了简短描述,Kulin 等[5]介绍了用于频谱学习的机器学习算法的一些数学知识。

基于实例的方法将所有训练实例存储在内存中,在推理阶段将新实例与所有训练实例进行比较。该方法没有训练时间,但推理时间是训练数据量的函数。查表、哈希和最近邻方法是常见的基于实例的方法[1]。如果电子战系统自动向数据库中添加新威胁,那么"在库中比对威胁"的传统电子战活动就是一种基于实例的学习方法。

基于模型的方法使用训练数据创建具有参数的模型,模型大小即参数数量不随数据量的变化而变化。训练时间是训练数据量的函数,而推理时间是恒定的。支持向量机(support vector machine,SVM)和人工神经网络是两类与电子战密切相关的基于模型的方法。

3.1.1　支持向量机

支持向量机是一类用于聚类、分类、回归和异常值检测的机器学习方法[6-8]。支持向量机具有很高的泛化能力,特别是对于复杂的非线性关系和有限的可用训练数据。

每个支持向量机构建一个决策函数,用于估计决策边界(称为最大间隔超平面)以及该超平面周围可接受的硬间隔或软间隔。决策函数中使用了训练数据点的子集,称为支持向量。支持向量是间隔上的样本,如图 3.3 所示。

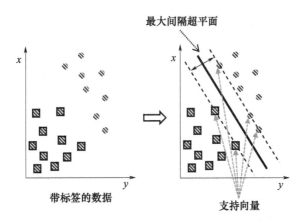

图 3.3 支持向量机用有限的数据有效地学习复杂的函数

支持向量机通过使用核函数或"技巧"[9]高效地完成非线性分类。非线性分类器使用核技巧将其输入映射到高维特征空间。

3.1.2 人工神经网络

人工神经网络是受生物神经系统(如大脑)处理信息方式启发而产生的一类算法。这些算法模拟神经元及其相互连接,以模仿大脑的学习方式。人工神经网络的概念起源于 20 世纪 40 年代[10]。1958 年,Rosenblatt 设计了一种称为感知器的模式识别算法[11]。1975 年,Werbos 的反向传播算法通过修改每个节点的权重将误差项通过各层进行反向传播[12],实现了多层网络的实际训练。

人工神经网络由输入层、隐藏层和输出层组成,如图 3.4 所示。网络的深度用层数表示。现代人工神经网络算法通常有许多层,因此被称为深度学习、深度神经网络或简称深度网络。深度网络可以发现对于人类来说过于复杂而无法提取或设计的模式或隐藏特征。

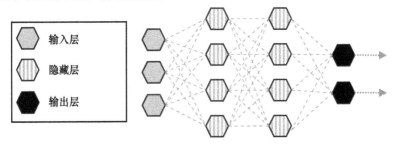

图 3.4 人工神经网络由输入层、隐藏层和输出层组成(层数是指网络的深度)

目前存在许多深度网络架构,并且新架构不断涌现,最全面的深度网络文献由 Bengio、Hinton 和 LeCun 完成,他们因其杰出的工作获得了 2018 年度图灵奖[13-14]。常见的架构包括以下几种。

(1)卷积神经网络(convolutional neural networks,CNN)[15-16]:是用于处理具有网格状拓扑结构数据的神经网络。典型的卷积神经网络由卷积层、池化层和全连接层组成,如图 3.5 所示。卷积层用于提取输入的不同特征。池化层通过将一层神经元集群的输出减少为下一层的单个神经元,简化了数据处理。全连接层将一层中的每个神经元连接到下一层中的每个神经元。

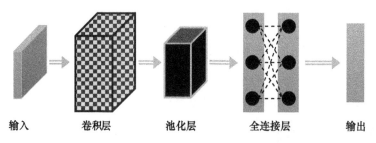

输入　　　卷积层　　　池化层　　　全连接层　　　输出

图 3.5　卷积神经网络处理具有网格状拓扑结构的数据

(2)循环神经网络(recurrent neural network,RNN)[17]:属于一类处理序列数据的神经网络[14]。循环神经网络具有反馈连接(记忆)。它们通过维护具有记忆功能的内部状态来保持输入数据的时态性质[18]。

(3)时间卷积神经网络:处理与序列相关、与时间相关和与记忆相关的深度学习过程[19],并且可能会取代循环神经网络。

(4)自动编码器:学习高效的数据编码,构建具有瓶颈层的模型。瓶颈是高效编码,而输出层是输入的重构。自动编码器尝试从简化的编码中生成尽可能接近其原始输入的表示。它们可以通过学习有效地消除噪声,并经常用作异常检测器[14,20]。

(5)孪生神经网络:在多个网络上使用相同的权重,同时对不同的输入数据进行训练。与其他方法相比,它们需要更少的训练数据[21]。

(6)Kohonen 网络:也称为自组织映射(self-organizing map,SOM),可产生输入空间的低维表示,用于降维和可视化。

(7)生成对抗网络(generative adversarial network,GAN):是由两个相互竞争的神经网络组成的系统,每个神经网络都试图提高其预测的准确性。生成对抗网络在竞争中针对判别网络设置生成网络,生成网络的目标是欺骗判别网络。生成对抗网络通常用于创建合成数据。

模型估计自身置信度(何时可以被信任)是一项新的重要能力[22]。

流行的人工神经网络架构可从网上公开渠道获得[23-25],并且已经应用于射频背景中[26]。

3.2　集成方法

集成使用多个分类器[1,27-32]综合了来自多个不同模型的预测,可以提高预测精度并增强抵御对手攻击的鲁棒性。例如,选举预测综合了多项不同民意调查的结果,希望能够互相弥补单一民意调查的缺陷。

常用的集成学习方法包括 Bagging 法、Boosting 法和贝叶斯模型平均法等,大多数机器学习工具包还提供了其他集成技术。简单多数投票方法选择最常见的预测结果。Bagging 法赋予集成中的每个模型相同的权重。Boosting 法通过训练每个新模型以强调被先前模型错误分类的数据样本来逐步构建集成。贝叶斯模型平均法基于每个模型的后验概率设置权重。

3.3　混合机器学习

符号型人工智能方法对通常人类可读的符号进行处理,而非符号型人工智能方法对原始数据进行处理。决策树方法在本质上通常是符号型的,而深度网络方法通常是非符号型的。近年来,混合机器学习方法将两者结合起来,它们使用符号知识来构造特征,减少搜索空间,提高搜索效率,并解释生成的模型。混合机器学习方法通常利用领域专用知识和启发法来更快地找到解决方案[33-41]。混合机器学习方法又被称为基于知识的机器学习或神经符号人工智能。

混合方法本质上"加速"了学习过程。图 3.6 说明了这一点:解析模型提供了一个初步框架或对结果的预测,观测数据则完善了该预测以符合由领域知识得到的经验。混合方法使学习算法即使在没有训练数据的情况下也能很好地工作,并在实际训练后取得更好的效果。图 3.7 概述了深度网络、经典机器学习和混合机器学习方法基于可用数据的性能表现。

4.1.1 节展示了一个如何将传统特征与深度网络模型相结合的示例。7.3.3 节讲述了如何将用于提取潜在特征的深度网络与用于任务中快速学习的支持向量机结合起来。

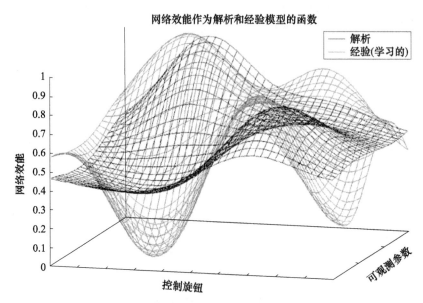

图 3.6　解析模型将性能曲面估计为 $\bar{o}_n$ 维可观测量和 $\bar{c}_n$ 维可控量的
函数；经验模型对预测进行了优化[35]

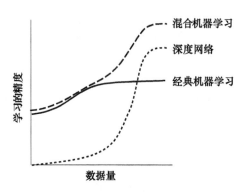

图 3.7　深度网络识别数据中的潜在特征，而经典机器
学习方法依赖于传统的特征工程

3.4　开集分类

在模型完成初始训练之后，开集分类技术可以动态地创建新类。它们可以
处理在训练阶段没有预料到的未知数据。

开集分类的一种选项是选择可以从一个示例中学习的机器学习模型,k -最近邻(k - nearest neighbor,kNN)和支持向量机是不错的选择[42]。k - 最近邻法没有重训练时间,但推理时间与训练样本的数量呈线性关系。支持向量机需要重新计算模型,若训练样本的数量为 n,计算复杂度大约为 $O(n^2)$,但推理可能非常有效。

其他方法包括自动编码器、零样本或少样本学习[43-48]和异常检测(4.4 节)。例如,少样本学习使用训练数据构建重要特征的隐式嵌入,然后使用该嵌入特征动态地创建新类。数据增强(8.3.3 节)还有助于确保原始训练数据涵盖更多未知类别。

3.5　泛化和元学习

泛化是指模型能够正确地适应新的、以前未见的数据,这些数据与用于创建模型的数据服从相同的分布,如查表法没有泛化能力。过拟合意味着模型对训练数据的学习太精细了,以至于不能很好地处理新数据;欠拟合则表示模型没有很好地捕捉到训练数据的特征(图 3.8)。良好的泛化意味着在数据欠拟合和过拟合之间找到恰当的平衡。

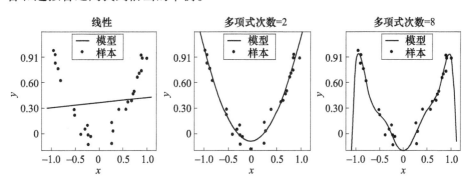

图 3.8　线性模型经常欠拟合,而如果特征多于训练实例,
模型往往会过拟合(基础数据来自 $y = x^2 + \varepsilon$)

过拟合和欠拟合的控制是通过调整控制算法工作方式的超参数来实现的,这一过程称为元学习[49-52]。每种算法都有自己的超参数,如用于决策树优化的参数 MaxDepth 和 MinSamples,用于调整支持向量机的错误分类点代价 C 和单实例影响 γ,深度网络可能使用早停法和激活丢弃技术。如果使用标准机器学习工具包(11.2.1 节),超参数通常是函数的参数。5.1.3 节更多地讨论了元

学习,强调了元学习在优化中的作用。元学习通常是强化学习的一部分。

其他提高泛化能力的方法包括集成方法(3.2节)、混合模型(3.3节),以及批归一化[53-54]、朗之万(Langevin)方法[55]或熵过滤[56]等训练方法。

具有比训练样本更多特征的高维问题($\bar{o}_n + \bar{c}_n \gg n$)通常需要不同的方法[3]。通过多样性、增强和遗忘对数据进行管理是另一个重要问题(8.3节)。

专业领域指出了模型应该能够很好地学习到的内容,当处理一个属于专业领域的新观测值时,模型应该比处理不属于专业领域的值表现得更好。例如,在图3.8中,训练数据在[-1.0,1.0]范围内,值2.0超出了专业领域。二次多项式在[-1.0,1.0]范围之外泛化得很好,但其他两个模型所用训练数据离预期范围越远,误差越大。理想情况下,模型应该计算自己的置信度。

3.6　算法权衡

没有一种模型能够永远好于其他模型[2,57-58]。选择将哪种机器学习技术应用于频谱理解问题取决于多种因素。这些因素包括任务、可用的数据类型、解决方案的目标和操作的约束。表3.2列出了选择算法时要考虑的一些问题。

例如,深度网络可以有效地识别数据中的潜在特征。然而,深度网络依赖于大量不同的、良好标记的训练数据。

虽然蜂窝网络或Wi-Fi网络可能有大量数据可用,但电子战领域并不具备这种优势。

图3.7说明了性能权衡:当有大量数据时,深度网络表现得更好;而当数据有限时,经典机器学习方法表现得更好,这在很大程度上是因为其所用特征是专门为待处理的问题而设计的。4.1.1节和7.3.3节阐述了如何在系统中有效地结合深度网络和支持向量机,以便深度网络提取射频领域的一般特征,而支持向量机执行任务中模型的更新。

在某些情况下,数据增强和生成对抗网络(8.3.3节)可以弥补数据的缺乏[59-63]。数据增强增加了数据的多样性,而无须实际收集新数据。图像识别中常见的数据增强技术包括裁剪、翻转、旋转和改变照明模式。在射频中,通过信道模型或噪声模型改变信号可以实现许多相同的效果。

在电子战任务期间,预期会遇到新型辐射源,系统设计必须考虑在任务期间从一个或两个示例中学习新模型的技术。

表 3.2 选择适合机器学习算法时要考虑的问题

因素	要考虑的问题
任务	你想了解环境吗？预测会发生什么？控制动作？不断适应？ Scott Page 在《模型思考者》[57]中介绍了模型的使用（REDCAPE）： 推理:确定条件并推断逻辑含义。 解释:为经验现象提供可测试的解释。 设计:选择体系、策略和规则需考虑的特点。 沟通:将知识和对它的理解联系起来。 行动:指导策略选择和战略行动。 预测:对未来和未知现象进行数值与分类预测。 探索:分析可能性及假设。
数据	有多少可用的训练数据（任务前和任务中）？数据标记得如何？它是否部分可观测（是否可以缺少特征）？数据是数值型数据还是类型数据？哪些特征可以通过先验模型计算？训练后数据是否发生变化（如概念漂移、组件更新）？
目标	解决方案必须有多精确？系统必须多快得出结论？误报和漏报对性能的影响是否不同？置信水平作为决策的注解是否合适或必要？解决方案是否需要为电子战操作员提供解释？解决方案是否需要扩展到更多辐射源、更多环境或更多任务？哪些安全/隐私注意事项很重要？
约束	必须满足哪些硬实时要求？有什么可用计算资源（CPU、GPU、FPGA、定制 ASIC）？模型和数据有多少可用存储空间？有多少数据必须在很长的时间内保持不变（如任务到任务）？

表 3.3 总结了常见机器学习算法的一些设计权衡。这份清单并不全面，仅说明了在确定一种特定方法之前分析电子战系统的任务、数据、目标和约束的必要性。一些通用的经验法则包括[2]以下几个方面。

（1）在预测未来时，更大规模的复杂模型往往可以更准确地捕获性能曲面。当试图对结果进行解释时，更小、更简洁的模型更容易。

（2）当训练样本的数量有限时，特征工程会非常有用，并且经典机器学习方法相比于深度网络方法可能更有效。

（3）当训练样本的数量很大且有足够的训练时间时，深度网络可以有效发挥作用。

（4）当推理时间有限时，基于模型的技术优于基于实例的技术。基于模型的技术可能需要很长的训练时间，但推理速度很快。基于实例的技术没有训练阶段，不需要花费时间训练，但是在推理时需要花费计算时间。

表 3.3　常见机器学习算法的设计权衡

机器学习算法	常见用途	优势	缺点
支持向量机	股市;射频质量;雷达辐射源信号识别;调制识别;异常	对少量数据具有出色的准确性;效率极高;适合许多特征	主要是数值数据
深度网络	图像理解;自然语言;信号特征;调制识别;目标跟踪;异常;特定辐射源识别	提取数据中的潜在特征;可以非常快地进行推理	需要大量的训练数据;计算密集型;难以解释;训练时间可能会很长
逻辑回归	风险;过程错误	高效的;可解释的;计算特征相关性	需要干净数据;一维输出
朴素贝叶斯分类器	敏感度分析;文本分类;垃圾邮件过滤	输入数据分类;训练数据相对较少;结果概率	需要条件独立性
k – 最近邻	文本相似度;辐射源相似度	高效的;可解释的;没有训练步骤;立即合并新数据	在高维空间中表现较差;不平衡导致问题;异常敏感性;可能是计算密集型
决策树	设计决策;敏感度分析	易于解释;对离散数据处理能力非常强	因特征量大而变得脆弱;对于数值数据处理能力较弱
因果模型	关系	无法进行实验时的模式	对不可观测特征而言难以控制

Lim 等[64]使用训练时间和精度指标对 33 种机器学习算法进行了对比。标注 10.2 中给出了一个包含更多评估指标的列表。

3.7　小　结

人工智能是一个与数学或工程学一样宽广的学科领域。

人工智能就像数学。总有一天,它会无处不在。

人工智能包含许多子领域,涵盖了态势估计和决策等更广泛的概念。机器

学习支持规划、优化、数据融合等技术以及机器视觉、自然语言处理、机器人和物流等应用领域。

关于人工智能,需要记住的关键一点是机器学习是人工智能中的一个概念,而深度网络是机器学习中的一类技术,人工智能不等同于机器学习,并且人工智能也不等同于深度网络。机器学习不仅仅只是深度学习。深度网络在电子战问题上占有一席之地,但不要仅仅因为深度网络目前广受关注而轻视或忽略经典机器学习方法或任何其他人工智能方法。

参考文献

[1] Russell S. , and Norvig P. , *Artificial Intelligence : A Modern Approach*, Pearson Education, 2015.

[2] Burkov A. , *The Hundred – Page Machine Learning Book*, Andriy Burkov, 2019.

[3] Hastie T. , Tibshirani R. , and Friedman J. , *The Elements of Statistical Learning*, Springer, 2009.

[4] Vink J. , and de Haan G. , "Comparison of Machine Learning Techniques for Target Detec – tion," *Artificial Intelligence Review*, Vol. 43, No. 1, 2015.

[5] Kulin M. , et al. , "End – to – End Learning from Spectrum Data," *IEEE Access*, Vol. 6, 2018.

[6] Cristianini N. , and Shawe – Taylor J. , *An Introduction to Support Vector Machines and other Kernel – based Learning Methods*, Cambridge University Press, 2000.

[7] Schölkopf B. , and Smola A. , *Learning with Kernels : Support Vector Machines, Regularization, Optimization, and Beyond*, MIT Press, 2002.

[8] *Support vector machines*, Accessed : 2020 – 03 – 21. Online : https:// scikit – learn. org/stable/ mod – ules/svm. html.

[9] Üstün B. , Melssen W. , and Buydens L. , "Facilitating the Application of Support Vector Regression by Using a Universal Pearson VII Function – Based Kernel," *Chemometrics and Intelligent Laboratory Systems*, Vol. 81, No. 1, 2006.

[10] McCulloch W. , and Pitts W. , "A Logical Calculus of Ideas Immanent in Nervous Activity," *Bulletin of Mathematical Biophysics*, Vol. 5, No. 4, 1943.

[11] Rosenblatt F. , "The Perceptron : A Probabilistic Model for Information Storage and Organization in the Brain," *Psychological Review*, Vol. 65, 1958.

[12] Werbos P. , *Beyond Regression : New Tools for Prediction and Analysis in the Behavioral Sciences*, Harvard University, 1975.

[13] LeCun Y. , Bengio Y. , and Hinton G. , "Deep Learning," *Nature*, Vol. 521, 2015.

[14] Goodfellow I. , Bengio Y. , and Courville A. , *Deep Learning*, MIT Press, 2016.

[15] LeCun Y. , et al. , "Gradient – Based Learning Applied to Document Recognition," *Proceedings of the IEEE*, Vol. 86, No. 11, 1998.

[16] Khan A. , et al. , "A Survey of the Recent Architectures of Deep Convolutional Neural Networks," *Artificial Intelligence Review*, Vol. 53, 2020.

[17] Rumelhart D. , et al. , "Schemata and Sequential Thought Processes in PDP Models," *Parallel Distributed Processing: Explorations in the Microstructures of Cognition*, Vol. 2, 1986.

[18] Miljanovic M. , "Comparative Analysis of Recurrent and Finite Impulse Response Neural Networks in Time Series Prediction," *Indian Journal of Computer Science and Engineering*, Vol. 3, No. 1, 2012.

[19] Baevski A. , et al. , *wav2vec 2. 0: A Framework for Self – Supervised Learning of Speech Representations*, 2020. Online: https://arxiv. org/abs/2006. 11477.

[20] Kingma D. , and Welling M. , "An Introduction to Variational Autoencoders," *Foundations and Trends in Machine Learning*, Vol. 12, No. 4, 2019.

[21] Chicco D. , "Siamese Neural Networks: An Overview," in *Artificial Neural Networks*, Springer, 2020.

[22] Amini A. , et al. , "Deep Evidential Regression," in *NeurIPS*, 2020.

[23] Culurciello E. , *Analysis of Deep Neural Networks*, Accessed 2020 – 10 – 06, 2018. Online: https://tinyurl. com/medium – anns.

[24] Culurciello E. , *Neural Network Architectures*, Accessed 2020 – 10 – 06, 2017. Online: https:// tinyurl. com/tds – anns – 2018.

[25] Canziani A. , Paszke A. , and Culurciello E. , "An Analysis of Deep Neural Network Models for Practical Applications," in *CVPR*, IEEE, 2016.

[26] Majumder U. , Blasch E. , and Garren D. , *Deep Learning for Radar and Communications Automatic Target Recognition*, Norwood, MA: Artech House, 2020.

[27] Bauer E. , and Kohavi R. , "An Empirical Comparison of Voting Classification Algorithms: Bagging, Boosting, and Variants," *Machine Learning*, Vol. 36, 1999.

[28] Sagi O. , and Rokach L. , "Ensemble Learning: A Survey," *Data Mining and Knowledge Discovery*, Vol. 8, No. 4, 2018.

[29] Ardabili S. , Mosavi A. , and Várkonyi – Kóczy A. , "Advances in Machine Learning Modeling Reviewing Hybrid and Ensemble Methods," in *Engineering for Sustainable Future*, Inter – Academia, 2020.

[30] Dogan A. , and Birant D. , "A Weighted Majority Voting Ensemble Approach for Classification," in *Computer Science and Engineering*, 2019.

[31] Abbasi M. , et al. , "Toward Adversarial Robustness by Diversity in an Ensemble of Specialized Deep Neural Networks," in *Canadian Conference on AI*, 2020.

[32] Tramèr F. , et al. , "Ensemble Adversarial Training: Attacks and Defenses," in *ICLR*, 2018.

[33] Aha D. , "Integrating Machine Learning with Knowledge – Based Systems," in *New ZealandInternational Two – Stream Conference on Artificial Neural Networks and Expert Systems*, 1993.

[34] Mao J. , et al. , "The Neuro – Symbolic Concept Learner: Interpreting Scenes, Words, and Sentences from Natural Supervision," in *ICLR*, 2019.

[35] Haigh K. Z. , Varadarajan S. , and Tang C. Y. , "Automatic Learning – Based MANET Cross – Layer Parameter Configuration," in *Workshop on Wireless Ad hoc and Sensor Networks*, IEEE, 2006.

[36] Towell G. , and Shavlik J. , "Knowledge – Based Artificial Neural Networks," *Artificial Intelligence*, Vol. 70, No. 1, 1994.

[37] Yu T. , Simoff S. , and Stokes D. , "Incorporating Prior Domain Knowledge into a Kernel Based Feature Selection Algorithm," in *Pacific – Asia Conference on Knowledge Discovery and Data Mining*, 2007.

[38] Muralidhar N. , et al. , "Incorporating Prior Domain Knowledge into Deep Neural Networks," in *International Conference on Big Data*, 2018.

[39] Agrell C. , et al. , "Pitfalls of Machine Learning for Tail Events in High Risk Environments," in *Safety and Reliability—Safe Societies in a Changing World*, 2018.

[40] d' Avila Garcez A. , et al. , "Neural – Symbolic Computing: An Effective Methodology for Principled Integration of Machine Learning and Reasoning," *Journal of Applied Logics*, Vol. 6, No. 4, 2019.

[41] *Workshop Series on Neural – Symbolic Integration*, Accessed 2020 – 07 – 23. Online: http://www. neural – symbolic. org/.

[42] Haigh K. Z. , et al. , "Parallel Learning and Decision Making for a Smart Embedded Communications Platform," BBN Technologies, Tech. Rep. BBN – REPORT – 8579, 2015.

[43] Mattei E. , et al. , "Feature Learning for Enhanced Security in the Internet of Things," in *Global Conference on Signal and Information Processing*, IEEE, 2019.

[44] Robyns P. , et al. , "Physical – Layer Fingerprinting of LoRa Devices Using Supervised and Zero – Shot Learning," in *Conference on Security and Privacy in Wireless and Mobile Networks*, 2017.

[45] Tokmakov P. , Wang Y. X. , and Hébert M. , "Learning Compositional Representations for Few – Shot Recognition," in *CVPR*, IEEE, 2019.

[46] Wang W. , et al. , "A Survey of Zero – Shot Learning: Settings, Methods, and Applications," *ACM Transactions on Intelligent Systems and Technology*, Vol. 10, No. 12, 2019.

[47] Geng C. , Huang S. J. , and Chen S. , "Recent Advances in Open Set Recognition: A Survey," *IEEE Transactions on Pattern Analysis and Machine Intelligence*, 2020.

[48] Cao A. , Luo Y. , and Klabjan D. , *Open – Set Recognition with Gaussian Mixture Variational Autoencoders*, 2020. Online: https://arxiv. org/abs/2006. 02003.

[49] Brazdil P. , and Giraud – Carrier C. , "Meta Learning and Algorithm Selection: Progress, State of the Art and Introduction to the 2018 Special Issue," *Machine Learning*, Vol. 107, 2018.

［50］ Schaul T. , and Schmidhuber J. , *Metalearning*, Scholarpedia, 2010. doi: 10. 4249/ scholarpe-dia. 4650.

［51］ Finn C. , Abbeel P. , and Levine S. , *Model - agnostic Meta - Learning for Fast Adaptation of Deep Networks*, 2017. Online: https://arxiv. org/ abs/1703. 03400.

［52］ Hospedales T. , et al. , *Meta - Learning in Neural Networks: A Survey*, 2020. Online: https:// arxiv. org/abs/2004. 05439.

［53］ Principe J. , et al. , "Learning from Examples with Information Theoretic Criteria," *VLSI Signal Processing - Systems for Signal, Image, and Video Technology*, Vol. 26, 2000.

［54］ Santurkar S. , et al. , *How Does Batch Normalization Help Optimization?* 2019. Online: https://arxiv. org/abs/1805. 11604.

［55］ Barbu A. , and Zhu S. C. , *Monte Carlo Methods*, Springer, 2020.

［56］ Chaudhari P. , et al. , "Entropy - SGD: Biasing Gradient Descent into Wide Valleys," in *ICLR*, 2017.

［57］ Page S. , *The Many Model Thinker*, Hachette, 2018.

［58］ Wolpert D. , "The Lack of A Priori Distinctions Between Learning Algorithms," *Neural Computation*, 1996.

［59］ Rizk H. , Shokry A. , and Youssef M. , *Effectiveness of Data Augmentation in Cellular - Based Localization Using Deep Learning*, 2019. Online: https://arxiv. org/abs/1906. 08171.

［60］ Shi Y. , et al. , "Deep Learning for RF Signal Classification in Unknown and Dynamic Spectrum Environments," in *International Symposium on Dynamic Spectrum Access Networks*, IEEE, 2019.

［61］ Shorten C. , and Khoshgoftaar T. , "A Survey on Image Data Augmentation for Deep Learning," *Big Data*, Vol. 6, No. 60, 2019.

［62］ Sinha R. , et al. , "Data Augmentation Schemes for Deep Learning in an Indoor Positioning Application," *Electronics*, Vol. 8, No. 554, 2019.

［63］ Xie F. , et al. , "Data Augmentation for Radio Frequency Fingerprinting via Pseudo - Random Integration," *IEEE Transactions on Emerging Topics in Computational Intelligence*, Vol. 4, No. 3, 2020.

［64］ Lim T. S. , Loh W. Y. , and Shih Y. S. , "A Comparison of Prediction Accuracy, Complexity, and Training Time of Thirty - Three Old and New Classification Algorithms," *Machine Learning*, Vol. 40, 2000.

第 4 章

电子支援

每个认知电子战系统的第一部分都是用于理解射频频谱的电子支援模块。在人工智能界,电子支援称为态势估计,它判断谁使用频谱、何时何地使用频谱,以及是否存在可以被发现的特征或工作模式。

本章讨论了可用于辐射源分类和表征、数据融合、异常检测和意图识别的人工智能/机器学习技术。电子支援的功能是分析环境并建立支持决策的可观测量。本章是按照图 1.4 所示的层次来组织的。

Howland 等[1]将频谱态势感知(spectrum situation awareness, SSA)定义为"一种收集、处理有关频谱使用的不同信息以生成融合后的频谱图像的方法"。频谱态势感知收集、组织和处理电子战所需的频谱数据。除了任务前和任务后分析,还需要根据决策者的需要快速实时地进行频谱态势感知。

为了减少脆弱性并应对新的辐射源和对手,人工智能和机器学习可以在各个层面上改善频谱态势感知结果。图 4.1 给出了在其他相关的频谱态势感知技术背景下的人工智能/机器学习技术视图。完整的电子战系统必须具有多方面的频谱态势感知。未来的频谱态势感知系统可以使用能够生成潜在特征的深度学习模型、用于任务中更新的经典机器学习模型以及用于抵消有限数据的混合模型进行训练(4.1 节)。此外,频谱态势感知不必完全依赖射频数据,它可以与非射频数据融合,如视频和静止图像、自由空间光学或开源、战术或作战情报(4.3 节)。跨多个异构源的分布式数据融合必须创建一个在空间、时间和频率上都精确的相干作战空间频谱通用作战图像,异常检测(4.4 节)、因果推理(4.5 节)和意图推理(4.6 节)被用于完善该图,以了解事件的影响并支持决策。

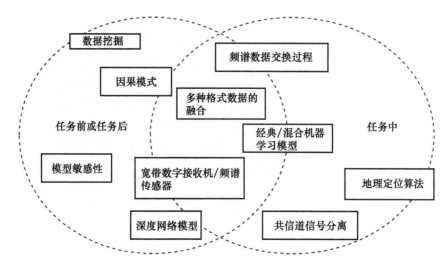

图4.1 频谱态势感知必须集成各种支持技术,包括传统技术和认知技术。
挑战之一在于认知技术和其他技术的集成和演示验证

4.1 辐射源分类和表征

电子支援系统的一个基本任务是了解环境中有什么辐射源以及它们在做什么。辐射源分类是识别已知的信号类别,如调制样式或平台类型。在人工智能中,分类是指任何离散的类别或标签,因此特定辐射源识别(specific emitter identification,SEI)的电子战概念也是一种分类问题。表征是指信号在环境中行为的反映,而不必在行为上标记标签。例如,人们可能会判断出信号比较强,或者是高斯分布的,或者在给定的时间间隔内重复。

表征和分类可以相互补充,因为某一行为可能支持特定的分类,或者某一分类可能表明需要搜寻特定的行为特征。

辐射源分类和表征准确性面临着如下挑战。

(1)辐射源表征和长期模式分析可以揭示其动态特性,但是信号类型会随时间变化。

(2)认知辐射源通过回放信号以掩盖其身份特征。可以通过提取辐射源特有的细微缺陷即射频指纹来降低或破解欺骗的影响。

(3)未知辐射源通常具有已知的行为特征,如标准的调制、频率和脉冲参数,但会以意想不到的方式组合或将它们用于不同的目的,导致先验训练数据的缺乏。开集分类技术可对这些新的特征组合进行识别和聚类,并动态地创建新类。

4.1.1 特征工程与行为表征

行为表征描述了信号环境,包括瞬时能量、频率、散射和重复模式等特征及特征出现的概率。传统上,特征工程是通过一组确定的算法模块来计算信号的特征,即专家所能理解的与预期信号相关的特征。这些成熟的信号情报(signal intelligence,SIGINT)方法即使在低信噪比(SNR)下也可以非常准确,因为它们依赖于领域的固有属性,如信号传播的物理特性或目标的运动学特性。然而,经典信号处理方法在复杂问题领域往往很脆弱,并且通常不能处理新型辐射源或突发的新情况。

传统方法使用对脉冲宽度、脉冲重复间隔和频率等特征的统计分析,将它们映射到已知信号的数据库中。这些可能是特定于信道的,如信道脉冲响应;或者特定于发射机的,如信号编码。它们可能随时间变化或与时间无关。分形特征可以增强对信号特点的理解[2-4]。

当使用充足的数据进行训练时,深度网络可以识别信号环境中的潜在特征,可能以比特征工程高得多的逼真度捕获信号特征。这些方法可以刻画难以用解析表达式建模或随环境条件显著变化的行为特征。当问题领域部分可观测时,即当已知的可观测量 o_n 暂时无法测量时,或者对于不可观测特征 z,深度网络也往往更有效。

当可用的训练数据很少时,或者当已知模型能够很好地反映既往表现时,特征工程法提取的特征是更好的选择。此外,还可以从非射频数据源中提取特征,如地形[5]、道路网络[6]和天气状况[7]。4.3 节讨论了一些数据融合的方法。

组合方法能够有效提高学习精度。例如,无线电信号强度通常遵循距离的平方反比定律,但会受到天线增益、多径和衰落等因素的影响。在射频中创建混合模型的一种方法是同时使用传统特征和深度网络。深度网络学习潜在特征,而传统特征包括物理特性、人类专业知识和其他元数据。图 4.2 演示了如何将 I/Q 数据与快速傅里叶变换(FFT)和传统特征相结合,以构建整个网络的示例。

特征工程应该关注那些能够更好地评估环境并进行行为推理的特征。例如,表明对手效能降低的特征包括:①通信网络吞吐量降低,这意味着需要改变为更稳健的调制技术,如从 QAM64 切换到 QPSK;②在雷达空间中,由跟踪波形中断或波形检测反映出的跟踪效果下降,表示需要增大波束重访率或改变波形,如采用更大的脉冲宽度。

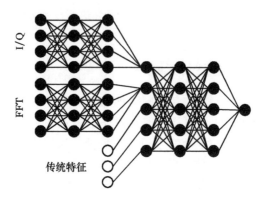

图 4.2　一种可能的混合架构使用独立的深度网络来分析 I/Q 数据与快速
傅里叶变换,然后将深度网络生成的特征与传统特征分层组合

辐射源的表征可反映观测到的辐射源的复杂程度[8-10]。对辐射源的扩展
观测可用于计算其适应性和行为模型,从而支持对其策略和可能的下一步动作
的推断(4.6 节)。

4.1.2　波形分类

机器学习技术当前最流行的用途之一便是波形分类。前期的工作经常使
用支持向量机进行雷达辐射源信号识别[11-12]、雷达天线扫描类型识别[13]和自
动数字调制识别[14-15]。最近的工作正在转向使用深度网络,主要是因为它们
能够识别射频信号的隐藏特征[16-17]。深度网络的应用示例包括使用卷积神经
网络对无线电辐射源进行分类[18-20]、使用卷积神经网络对雷达辐射源进行分
类[21],以及使用循环神经网络来描绘时间模式[22]。生成对抗网络是数据增强
的有效方法,可以用更少的数据样本训练模型[23-24]。

2018 年,美国陆军快速能力办公室(Rapid Capabilities Office, RCO)①举办
了信号分类挑战赛,以促进用于盲信号分类和表征的深度学习算法的研究[25]。
虽然这一挑战所获得方法的准确性还没有进行实际检验,但相关研究却呈爆炸
式增长。也许更重要的是,这一挑战让研究界认识到数据质量和数据多样性的
重要性。混合机器学习方法可能会解决信号分类等领域中的一些未解决问题。
图 4.2 展示了一种可能的混合架构;7.3.3 节给出了一种适用于先验训练数据
充足情况下的架构,但是在任务执行期间,系统需要快速更新。值得注意的是,

---

①　目前,美国陆军快速能力办公室(RCO)更名为美国陆军快速能力和关键技术办公室(RCCTO)。

获胜团队采用了一种将传统特征、集成学习和深度网络结合起来的混合方法[26-27]。

算法 4.1 概述了构建雷达探测器所需的基本步骤。根据观测的占空比、频率、脉冲重复间隔和脉冲宽度等参数值创建一组辐射源描述字（EDW），并为每个辐射源描述字分配与其关联的雷达类型。该示例对朴素贝叶斯算法进行训练，使算法能够计算出可能属于每个类的概率。使用贝叶斯准则，后验概率 $P(y|x)$ 表示辐射源描述字为 x 的雷达实际上属于 y 类的概率：

$$P(y|x) = P(x|y) \times P(y) \div P(x)$$

式中：$P(x|y)$ 为给定类别 y 判为辐射源描述字 x 的概率；$P(y)$ 为类别 y 的先验概率；$P(x)$ 为辐射源描述字 x 的先验概率。

算法 4.1：构建雷达检测器，使用部分数据训练模型，然后使用其余数据验证模型。每个机器学习模型都使用相同的过程进行训练和测试（图 3.2）。

*步骤 1：加载已知雷达的数据集。将数据集拆分为训练集和测试集（大约 80% / 20%）。*①

```
from sklearn.model_selection import train_test_split
radars = pandas.read_csv('read-classes.csv')
x = radars.drop(columns = ['Class'])
y = radars['Class']
(xTrain,xTest),
(yTrain,yTest) = train_test_split(x,y,test_size = 0.2)
```

步骤 2：训练算法。选择一种分类算法，如朴素贝叶斯算法，并使用训练数据集训练模型。

```
from sklearn.naive_bayes import GaussianNB
gnb = GaussianNB()
trainedGNB = gnb.fit(xTrain,yTrain)
```

步骤 3：验证结果。使用测试数据对模型进行验证。使用混淆矩阵（10.3.2 节）将预测的类与测试的已知类进行比较。

```
from sklearn.metrics import confusion_matrix
yPred = trainedGNB.predict(xTest)
accuracy = (yTest == yPred).sum()/len(yTest)*100
confMtx = confusion_matrix(yTest,yPred)
```

步骤 4：对新雷达进行分类并估计其属于该类的概率。在该片段中，假设没有"Class"列。开集分类（3.4 节）和消融测试（10.2 节）解决了这个问题。

---

① 大多数机器学习算法不希望数据中包含 NaN 值。因此，我们将每个特征的 NaN 值替换为该特征的非 NaN 取值的均值（算法 2.1）。在将数据集拆分为训练数据和测试数据之前，不得替换完整数据集中的 NaN，即首先拆分数据，然后仅使用训练数据来计算均值。

```
newRadars = pandas.read_csv('newRadars.csv')
yPred = trainedGNB.predict( newRadars )
yProbs = trainedGNB.predict_proba( newRadars )
```

在每种机器学习模型的训练/测试周期都相同的情况下,朴素贝叶斯算法之外的其他机器学习模型可能会产生更准确的结果。

图4.3说明了这些步骤在设计和操作期间的作用。使用10.4节的迭代验证过程,设计阶段创建数据格式,开发模型并评估其性能。始终使用多种数据格式和特征及模型类型进行试验,以从准确性、数据、目标和约束等方面确定哪种模型对问题最有效(3.6节)。当机器学习模型完成训练后,可用于在任务期间对新雷达进行分类。图4.4说明了基于机器学习的分类器在射频处理链中所处的位置。

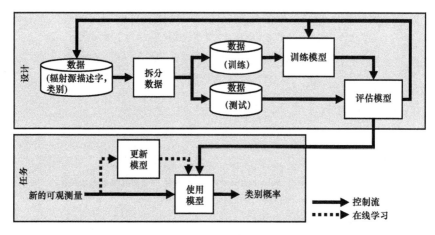

图4.3 算法4.1中的每个步骤都必须在设计阶段进行评估,
然后才能应用于实际任务

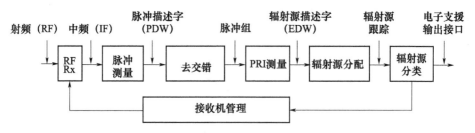

图4.4 雷达分类器是通用射频处理链的最后一个环节。其他人工
智能技术可以使用这些分类信息进行后续分析

4.1.3 特定辐射源识别

特定辐射源识别或射频指纹识别是唯一识别每个射频辐射源的信号处理技术,该技术的处理结果不受接收机属性、发射机发射特性、位置或环境改变的影响。Xu 等[28]概述了该问题面临的挑战和机遇。

Chen 等[29]采用聚类和无限隐马尔可夫随机场来处理时间相关和时间无关的特征。Nguyen 等[30]使用高斯混合模型(GMM)对信号进行聚类。Cain 等[31]将卷积神经网络用于基于图像的信号表示。

当前的许多工作直接将 I/Q 样本输入到卷积神经网络,而不使用特征工程提取的特征。这些卷积神经网络模型不进行信道估计,也不对系统的先验知识做出假设。示例包括将 I/Q 样本输入到卷积神经网络[32-35],添加有限输入响应(FIR)[36],以及使用小波变换来处理时间模式[33]。

对于高密度、复杂的实际信号环境,尤其是在信号能量低的情况下,基于神经网络的方法尚未达到传统方法的精度。混合方法可能会在未来产生更理想的分类结果。

4.2 效能评估

可以使用机器学习技术刻画观测值 o 和效能指标 m 之间的关系,这种关系通常呈现为回归模型 $m = f(o, s)$。2.3 节从效能和代价等角度给出了可用的指标。典型的机器学习技术包括支持向量机[37]、人工神经网络[38-43]、贝叶斯网络[44]和马尔可夫决策过程(MDP)[45-46]等。因为这些方法能够评估系统效能,所以其中许多被纳入了强化学习框架。强化学习框架学到的模型被用于控制决策过程,参见第 7 章。

图 4.5 介绍了在不同射频环境下评估不同可控量性能的示例结果。只有用圆点标出的观测值是先验的,机器学习模型根据不同环境的可观测特征评估其他性能值。本示例的效能评估模块使用一组描述干扰机的可观测量来评估每种机器学习技术的有效性,具体是使用支持向量机对性能空间进行建模,并使用传统特征来描述环境。对环境的每次观测都会产生一组对应的可观测量 o。在环境中每次使用策略 s 都会产生指标 $m_k (m_k = f_k(o, c))$ 的结果,并在图中用圆点标记。然后,经过训练的模型能够评估各个策略在示例环境下的性能,并可推广到其他情况。图 7.5 扩展了该示例,以演示模型如何在任务期间增量学习。

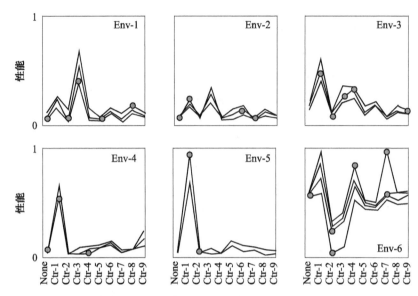

图 4.5 机器学习模型 f_k 能够估计不同控制量 c 在不同环境下的性能指标 m_k。

圆点代表观测值,其他点都由模型估计。图中所用的数据是来自示例

7.1 的真实数据(图 8.5 显示了三维视图中的类似图表)

在一个对几种音频干扰抑制技术的效能评估示例中,机器学习算法可用于对相关收益和相关代价进行建模,其中误码率是评估性能的良好指标。表 5.1 概述了该示例的评估结果。

机器学习还可以预测干扰效能[47],并确定针对观测到的辐射源行为使用哪种电子进攻技术。而对于预测结果准确性的反馈来自电子战战斗损伤评估模块(7.1 节)。

4.3 多源情报数据融合

为了获得最佳态势感知结果,决策者需要理解来自多种来源(例如,雷达、无人机、地面或水下系统、船舶、太空资产、战斗机、天线和传感器网络)的数据。为了具备这种能力,认知电子战系统必须进行数据融合。

数据融合是将多个来源的数据进行集成以产生更准确的推理结果。多情报(Multi – INT)数据融合能够比较、关联和合并不同类型的多源数据,以获得比单个传感器更高的准确性和更确定的判断[48 – 50]。由于面临各种挑战,精确的数据融合是一项艰巨的任务[51 – 52]。

在所有情况下,元数据标记(8.1.1 节)都会跟踪上游数据源,从而允许下游用户模块弥补数据错误。

数据融合的挑战包括以下几个方面。

(1)数据质量问题,如测量不确定度、传感器校准和偏差可能会影响数据的准确性和置信度。数据管理(8.2 节)有助于提高数据质量。

(2)相互冲突的数据可能会产生违反直觉的结果。数据的可追溯性(8.1.3 节)和对信息不确定性的管理(6.1.4 节)有助于做出正确的决策[53]。

(3)数据关联将不同概念关联起来,如果关联过于牵强,可能会产生荒谬的结果。因果建模(4.5 节)技术有助于识别正确的关系。

(4)高维数据使我们很难找到合适的项进行融合,就像大海捞针一样。5.1.3 节讲述了一些数据降维方法。

(5)操作时间可能导致相关信息延迟或未按次序到达。元数据在这里至关重要,时间可能是忠实记录的最重要特征,这样融合模块才不会融合时间标签不一致的项。4.3.3 节深入探讨了这一问题。

数据融合技术可以分为数据关联、状态估计和决策融合[52]三种非互斥类别。实验室联合理事会/数据融合信息组(JDL/DFIG)模型包括如图 4.6[54-55]所示的 7 个数据融合层次,从 0 层到 6 层逐层都会增加数据的广度和分析范围。JDL/DFIG 模型已在态势感知、用户优化和任务管理[54]等领域取得了一些成功应用。JDL/DFIG 模型也已成功用于数据融合过程的可视化、讨论促进和共同

图 4.6　JDL/DFIG 模型包括 7 个层次的数据融合

理解[55],以及系统级数据融合设计[54,56]。国际信息融合协会(International Society of Information Fusion,ISIF)介绍了数据融合领域的最新进展[57]。

4.3.1 数据融合方法

文献[58]一书是关于各种传感器和数据融合主题研究论文的综合汇编。该书致力于研究解决的部分问题包括目标跟踪、空中交通管制、遥感、异常检测、行为预测以及传感器网络。

数据融合技术已广泛用于多传感器环境中,其目的是合并来自不同传感器的数据。多传感器数据融合的益处主要包括提高数据真实性、可靠性和可用性[49,51-52,59-62]。提高数据真实性的例子包括优化检测结果、置信度、可靠性和减少数据歧义。提高数据可用性侧重于扩展多传感器在空间和时间方面的覆盖范围。

在无线传感器网络(WSN)中,数据融合有助于解决由大量传感器节点、数据包冲突和冗余数据传输引起的扩展性问题。在路由过程中进行数据融合,即合并传感器数据并只传输融合结果,使消息总数减少,避免冲突,所需能量降低[49,51,59]。无线传感器网络节点通常依靠电池获得计算、通信、感知和空闲状态所消耗的能量[63]。

多情报/多传感器数据技术在电子战中有一些有意思的应用,如从其他类型的数据源中提取特征。Brandfass 等[5]开发了一个将地图数据添加到雷达中的应用程序。Katsilieris 和 Charlish[6]将道路网络用于地面运动目标检测。Zhang 等[7]使用天气数据改进路径损耗预测结果。Levashova 等[64]提出了一种用于区域监视、指挥控制、通信和访问权限等应用中恐怖威胁活动预测的数据融合方法。

4.3.2 5G 多源情报融合用于定位的示例

机器学习支持多源情报数据融合的一个具体示例是5G定位和情景感知①。智能手机等情景感知移动设备可以感知到自己的位置或对终端用户的当前态势做出假设。表4.1列出了5G基于位置的关键性能指标(KPI)[65-66]和一些相关用例。

5G情景中复杂的定位指标要求可以通过表4.2[66-71]中的数据融合技术和

---

① 5G是由第三代合作伙伴计划(3GPP)标准化机构制定的一套第五代商用蜂窝标准。

测量值来满足,这些技术和测量值是由机器学习赋能的。5G 的可靠定位还需要节点优先级、节点激活、节点部署等有效的网络策略。网络运行的协同操作、鲁棒性保证和分布式设计在定位中也很重要,因为它们会影响能量消耗并决定定位精度[72]。

表 4.1　5G 基于位置的关键性能指标和一些相关用例

关键性能指标	描述
位置精度(PA)	用户设备(UE)位置的估计值与其真实位置之间的误差
速度精度(SpA)	用户设备速度的估计值与真实值之间的误差
方位精度(BA)	用户设备测量方位与其真实方位之间的误差
延迟(L)	从与位置相关数据所确定事件的触发到其在定位系统界面可用之间经过的时间
首次定位时间(TTFF)①	从系统开启到实现首次定位所需的时间
更新率(UR)	定位以生成位置相关数据的速率
功耗(PC)	定位以生成位置相关数据所用的功率,通常以毫瓦为单位
每次定位能量(EPF)	定位以生成位置相关数据所用的电能,通常以毫焦耳/定位为单位
系统可扩展性(SS)	定位系统可在给定单位时间或特定更新率下为其确定位置相关数据的设备数量

表 4.2　机器学习赋能的依赖于和不依赖于无线电接入技术
(RAT)的数据融合技术和测量值

依赖于 RAT	不依赖于 RAT
4~4.5G:Cell-ID、增强型 CID、OTDOA、上行链路 TDA、射频模式匹配[66]	传统的:全球导航卫星系统(GNSS)、射频识别(RFID)、地面信标系统、蓝牙、无线局域网、传感器(例如,射频、声学、红外、雷达、激光、惯性、视觉技术和气压)、超宽带[66]
新型的:多路径辅助定位[69]、具有大规模毫米波天线阵列的单锚定位[70]、协同定位(例如,设备到设备和车辆到万物)[71]	新型的:基于异构传感器和情景的分布式软信息定位[67],如数字地图、动态信道模型、地理信息系统数据和实时交通数据

　　基于软信息(SI)的定位是一种新的 5G 定位方法,其中信息来自异构传感器和不同的情景。传统的定位方法依赖于单值估计(SVE),如到达时间(TOA)、

---

① 译者注:根据理解更正为"从系统开启到实现首次定位所需的时间",原文误使用延迟(L)的描述。

观测到达时间差(OTDOA)、到达角(AoA)或接收信号强度指示(RSSI)。然而，新的技术可能依赖于一组值，而不是单一的距离估计，如软距离信息[67]。机器学习赋能的数据融合方法包括数据关联、状态估计、决策融合、分类、预测/回归、无监督机器学习、降维以及统计推理和分析[68]。

使用这些关键性能指标，第三代合作伙伴计划概述了几个用例及其潜在要求，如下所述。

(1)室内急救。PA:水平方向1m，垂直方向2m;可用性:95%;TTFF:10s;L:1s。

(2)户外增强现实。PA:水平方向1~3m，垂直方向0.1~3m;速度:2m/s;10°;可用性:80%;TTFF:10s;L:1s;UR:0.1~1s;PC:低能量。

(3)室外交通监控。PA:水平方向1~3m，垂直方向2.5m;可用性:95%;UR:0.1s;TTFF:10s;L:30ms;反欺骗;防篡改。

(4)户外资产跟踪和管理。PA:水平方向10~30m;速度:5m/s;可用性:99%;UR:300s~1d;反欺骗;防篡改;超出覆盖范围;EPF=20mJ/每次定位。

(5)无人机。用于数据分析的室外，PA:水平方向0.1m，垂直方向0.1m;可用性:99%;TTFF:10s;低能量;反欺骗;防篡改。

4.3.3　分布式数据融合

分布式数据融合是智能体感知其局部环境、与其他智能体通信以及共同推断有关特定过程知识的工作[73]。分布式数据融合是电子战领域需要考虑的一个重要问题，因为它必须遵守电子战领域所施加的许多关键约束，特别是通信受限。Lang[74]探索了解决知识不完备情况下集体决策问题的方法。Makarenko等[75]将分布式数据融合作为分布式推理问题进行研究，并将Shafer-Shenoy和Hugin联合树算法应用于目标跟踪。分散估计提高了节点和链路故障情况下估计结果的鲁棒性[76]。Hall等的编著[77]讲述了用于分布式网络中心战的各种数据融合方法。

高质量元数据(8.1.1节)是分布式数据融合的一项关键要求。挑战不在于频谱本身的精度，而在于如何从多个节点上采集跨频谱的多个信号，并将它们聚合于观测到的辐射源的统一视图中。这一步需要通过共享和非常一致的行为表示来进行一致的信号解释和辐射源行为聚合。此外，来源和可信性(8.1.3节)显著影响数据转换、推断和后续处理模块的功能。

总体而言，分布式数据融合可能会改变数据的整体灵敏度，如单个传感器X可能对温度不敏感，但传感器阵列对温度结果敏感。

分布式分析是减少数据歧义和提高慢结论准确性的有效方法。

4.4　异常检测

异常检测或离群点检测旨在发现数据中不遵循已知行为的模式[78]。统计界早在 19 世纪就开始研究数据中的异常检测[79]，并且已有许多异常检测技术。

图 4.7 提供了二维数据集中异常值的简单示例。已知表现良好的数据用黑色圆圈表示，而异常数据则用黑色三角形表示。射频异常可由杂散噪声、测量误差和新的观测行为等因素引起。

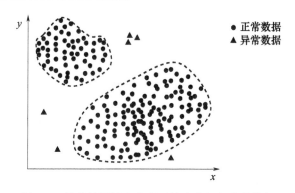

图 4.7　异常检测旨在发现不符合常规行为的数据

Chandola 等[78]对简单异常和复杂异常进行了区分。简单异常或点异常是指异常于其余数据的单个数据实例，如故意使用不同频率或产生虚假错误的雷达。大多数异常检测研究都集中在点异常上。

复杂异常可进一步细分为情景异常和集体异常。情景（或条件）异常是具体情景中的异常数据实例[80]。集体异常是整个数据集的有关数据实例的异常集合。集体异常中的单个数据实例本身可能不是异常，但它们的组合出现是异常的。例如，当雷达本该使用特定脉冲群（如定义的参数、射频或脉冲描述字）及框搜索等特定扫描模式进行目标搜索，却将其用于目标跟踪时，就出现了集体异常。

异常检测技术依赖于机器学习算法，如分类、最近邻、聚类、统计、信息论和谱理论[78,81-88]。常见的基于分类的异常检测技术包括支持向量机、贝叶斯网络、基于规则的方法和自动编码器等深度网络方法。

用于网络入侵检测和分类的异常检测技术所使用的机器学习算法包括前馈人工神经网络[89]、循环神经网络[90]、自动编码器[91]、支持向量机[92-93]、多云环境的线性回归和随机森林[94]等有监督的机器学习技术以及受限玻尔兹曼机[95]。

运行时异常检测的一个用途是检测正在演变的正常数据,这类数据所表示的当前正常状态会在未来发生变化。该想法在人工智能文献中常称为概念漂移,因为当前的常态概念已经偏离了任务开始时的概念。处理概念漂移的一种方法是估计刻画观测范围的统计分布模型。当统计分布模型开始不能反映"异常"信号的分布时,可以拆分分布模型以捕获所有观测模式的统计信息。这个想法是许多开集分类研究的基础(3.4节)。通过这种方式,统计分布模型不会失去已知行为的历史,也不会因新的异常现象而偏离或无法适应新的行为。这不是一个精确的解决方案,因为在何时拆分分布模型上需要权衡,但拥有持久性记忆以及学习新行为的机制是至关重要的。

4.5　因果关系

通常在没有明确方法进行实验以验证某个假设的情况下,因果推断可以从观测数据中提取因果关系[96-97]。因果层次结构根据每层能够回答的问题类型对模型进行分组,如下所述。

(1)关联层:观察。我对概念 y 的信心如何依赖于观测值 x,即 $P(y|x)$。

(2)干涉层:行动。动作 a 如何影响结果 y,即 $P(y|\mathrm{do}(a))$。

(3)反事实层:想象。在其他情况下会发生什么,即 $P(y|x')$。

因果模型通常用于医疗、战争和其他社会问题的分析。由于对网络安全问题分析有效[98],它们也被用于雷达和空中交通安全[99]。因果模型的目标是检测导致可能结果的事件序列,如即将发生危险的前兆信号。在射频中,Martin 和 Chang[100]使用概率结构因果模型(probabilistic structural causal model,SCM)和多属性效用理论进行动态频谱接入(dynamic spectrum access,DSA)态势感知和决策。动态频谱接入因果推理系统根据频谱占用、频谱用户位置估计和路径损耗表征来实现与维护态势感知。文献[101-102]的作者推导出态势估计不确定性和动态频谱接入系统性能之间的关系,估计出了使动态频谱接入系统能够以可接受的风险运行时的路径损耗。

其他分析因果关系的技术包括统计模式[103]、格兰杰因果关系[104-105]、滞后[106]、前兆检测[107]、确定常见短语的 $n-\mathrm{gram}$ 分析和确定可能转换的隐马尔可夫模型(HMM)[9]。意图识别(4.6节)将模式分析"提升"一个层次,以确定完整的文法和层次结构。

4.6 意图识别

计划识别、活动识别和意图识别都是通过观察一个参与者和环境以及参与者彼此之间的互动来推断他们的行为[108-109]。在认知电子战系统中,此类技术可用于观察和理解战区内所有参与者的计划、活动和目标,包括对手、联盟伙伴和电子战军官。这种推断实际上需要三个独立的任务。

首先,活动识别能够识别由智能体执行的最低级别的动作。因此,它侧重于将原始、噪声、频繁连续的数据处理成具有高置信度的离散事件(通常持续时间更长)的问题。例如,信号处理算法从连续的传感器数值流中去除噪声,以清晰准确地识别出正在发生的事件。

其次,目标识别能够识别被观测智能体的最高级别的期望结果或目标状态。这样一个过程在高层次上探询智能体试图完成什么。抽象地说,活动识别和目标识别可以被看作是同一个问题,并可能适合采用类似的算法。也就是说,这两个问题都是标注问题,即给定一组观测值序列,这两项任务都会产生一个标签,用于标识正在执行的活动或正在实现的目标。

最后,与此相反,计划识别不是为一系列活动生成单个标签,而是生成将观测到的活动与智能体的期望目标状态关联起来的结构化即分层表示[110]。因此,计划识别系统将活动识别所识别出的事件序列作为输入,将事件序列组织成结构化表示,能够刻画已识别活动的特定序列与其最终目标的因果关系。这种对最终目标的推理意味着目标识别通常作为计划识别的副产品。计划识别过程通常不仅需要反映观测到的活动之间的关系,还需要在正确确定参与者计划和目标的假设下,推断智能体将会进行的未来活动。因此,它可以在多个抽象层次上预测未来的动作,还可以将这些预测用作电子战战斗损伤评估的参照(7.1节)。

对抗性意图识别给计划识别算法带来了挑战,因为参与者试图隐藏或掩饰其动作,或者故意改变其活动模式以增加识别难度。然而,无论是对抗性动作还是非对抗性动作,构建可刻画对手行为模型的过程没有什么不同。算法必然无法区分一个动作是对抗性的还是非对抗性的,直到有新的动作帮助算法把两者区分开来。

计划识别算法可分为以下两类[111]。

（1）作为规划的计划识别将观测动作或活动描述为从一个状态到另一个状态的函数，反映由其被执行引起的环境状态的变化。因此，规划识别是一种基于环境状态的动作序列搜索，以保证将参与者从环境的已知初始状态带到目标状态。

（2）作为解析的计划识别将问题视为在可能计划空间中的搜索。此类系统通常使用与自然语言处理中类似的正式语法明确表示可能的计划集，然后在该空间搜索与输入观测值最一致的计划。此过程给出了计划的分层表示。

例如，概率化敌方智能体任务追踪器（probabilistic hostile agent task tracker，PHATT）[112]将基于解析的方法用于许多领域，包括网络入侵检测[113]和内部威胁/误用检测。为了表示要识别的计划，它使用了与格雷巴赫范式（greibach normal form，GNF）文法密切相关的概率上下文无关树文法。格雷巴赫范式通常用于编程语言的编译器。虽然概率化敌方智能体任务追踪器非常有效，但其计算代价限制了适用的广泛性。它对高层次目标做出了早期承诺，并需要对计划空间进行全面搜索。例如，发现一架敌方飞机起飞，无论实际中多么不可能，PHATT 会立即得出到达所有可能目的地的所有飞行路线。这类问题阻止了它扩展到大型的、真实世界的部署。

Geib 最近在词汇化意图推理引擎（engine for lexicalized intent reasoning，ELEXIR）[114]的 LEXrec 组件上的工作克服了这一局限性。LEXrec 使用来自最先进自然语言处理研究的概率化组合范畴语法（combinatory categorial grammars，CCG）代替树文法，支持识别多个并发和交错计划、局部有序规划和领域中的部分可观测性。

此外，LEXrec 利用蒙特卡洛树搜索（AlphaGo[115] 的支撑算法）以"随时"对可能的计划空间进行启发式搜索（5.3 节）。这种方法使 LEXrec 在识别灰色地带行动中能够在几分钟内处理数千个观测值。此外，还可以通过配置 LEXrec 文法实现加速处理，因此有望针对现实问题进行大规模部署。LEXrec 的搜索方式可以修改，以便首先搜索对观测值更可能的解释，使得包括敌方规划在内的高概率解释先于低概率良性解释进行探索。

类似的基于文法的系统已成功应用于多功能雷达问题[116-117]。此外，计划识别界开发了有监督和无监督的学习技术，以根据观测序列学习新文法，即潜在计划。虽然这项工作仍处于初级阶段，但有证据表明，通过学习获得比手工构建更准确的文法是可能的。

像 LEXrec 这样的系统可以将来自各种分布式多功能雷达的大量已分类的雷达航迹和观测值作为输入。基于这些观测值和反映目标可能遵循的个体和联合计划的文法,系统可以构建一组假设的个体和团队计划和目标,并建立这些计划的条件概率。这种计划可以描述复杂的雷达模式和临时扩展计划。此外,该系统基于其当前航迹和基于对目标目的的更高层次的理解,可以预测目标的未来路线。

最近的工作已经开始结合博弈论方法来识别计划,其中被观测智能体极力避免被发现[118-120]。对抗性计划识别任务推断一组可能的对抗性计划的概率分布,策略制定任务通过计算纳什均衡来选择最合适的响应。6.2 节讨论了博弈论的其他用途。

4.6.1 自动目标识别和跟踪

电子战中一项常见的意图识别任务是目标跟踪。机器学习技术至少从 20 世纪 90 年代初开始就应用于目标识别和跟踪任务,如文献[121 - 124]所述。许多在计算机视觉领域流行的技术已被射频领域成功采用。射频中应用的技术可归纳为基于知识的方法和严格的经验方法。

基于知识的方法利用类似环境的先验分布和知识辅助模型进行跟踪。Xiang 等[125]使用递归贝叶斯状态估计,在跟踪目标选择和航迹获取之间进行迭代。Gunturken[126]从一个目标的低质量估计开始进行跟踪,并在两个自适应滤波阶段对跟踪效果进行改进。

经验机器学习方法仅使用环境观测值来构建环境模型。例如,高斯混合模型是一种识别地面监视雷达目标的有效方法,并且可以胜过训练有素的人类操作员[127]。高斯混合模型也能很好地将目标测量值分配给雷达中的多个现有航迹[128-129]。Schmidlin 等[124]提出了一种用于多目标雷达跟踪问题的早期人工神经网络方法。在这项工作中,一个人工神经网络识别轨迹并提供轨迹预测,另一个循环神经网络将图表与轨迹相关联。人工神经网络方法与卡尔曼滤波器相比,前者的结果更精确,而后者对噪声更鲁棒。卷积神经网络对雷达和SAR 图像中的目标检测非常有效[17]。2019 年的视觉目标跟踪(visual object tracking,VOT)挑战没有依赖手工生成特征的跟踪器,组织者称其"与 VOT2018形成鲜明对比"[130]。

卷积神经网络和支持向量机也已成功结合起来[131-133]:对卷积神经网络进行训练,然后用支持向量机替换最终的分类层,类似图 7.6。这种组合同时利用了卷积神经网络的特征提取能力和支持向量机对高维输入空间的良好泛化能力,从而达到了非常高的精度。

在混合方法中利用包括手工生成特征、基于知识的方法和经验方法在内的传统技术可以提高模型的学习速率和总体性能。多种技术通常可以提供互补的能力[130,134-137]。最近的一些工作通过强化学习来增强跟踪方法,以创建具有感知和自主行动的系统,如使用马尔可夫决策过程[45]或深度 Q 学习[138]。Xiang 等[125]将用于目标跟踪的递归贝叶斯状态估计与动态图形模型优化相结合,从而为下一跟踪时刻选择雷达、波形和位置的最佳子集。

4.7 小　　结

电子支援是每个高效能电子战系统的核心部分。电子防护和电子进攻的性能与电子支援的质量直接相关。电子支援分析环境并创建驱动决策的观测值。本章介绍了解决电子支援系统某些特定挑战的态势估计技术。

经典机器学习技术已在电子战系统中应用了多年。深度学习领域的发展推动着机器学习以新的视角和技术方案爆炸式发展。深度学习在自然语言和图像处理方面取得了显著突破,这主要归功于三个因素:更强大的计算能力、丰富的标记数据和对如何连接网络的洞察。射频界可以利用这些进步来解决电子支援中的类似问题。

然而,接受深度学习并不意味着放弃经典机器学习技术或领域专家知识。我们需要根据特定任务目标和需求选择最合适的方法。

参考文献

[1] Howland P. ,Farquhar S. ,and Madahar B. , "Spectrum Situational Awareness Capability:The Military Need and Potential Implementation Issues," Defence Science and Technology Lab Malvern(United Kingdom) ,Tech. Rep. ,2006.

[2] Aghababaee H. ,Amini J. ,and Tzeng Y. , "Improving Change Detection Methods of SAR Images Using Fractals," *Scientia Iranica* ,Vol. 20 ,No. 1 ,2013.

[3] Dudczyk J. , "Specific Emitter Identification Based on Fractal Features," in *Fractal Analysis – Applications in Physics ,Engineering and Technology* ,IntechOpen Limited ,2017.

[4] Shen L. ,Han Y. – S. ,and Wang S. , "Research on Fractal Feature Extraction of Radar Signal Based On Wavelet Transform," in *Advances in Intelligent Systems and Interactive Applications* ,2017.

[5] Brandfass M. ,et al. , "Towards Cognitive Radar via Knowledge Aided Processing for Air – borne and Ground Based Radar Applications," in *International Radar Symposium* ,2019.

[6] Katsilieris F. ,and Charlish A. , "Knowledge Based Anomaly Detection for Ground Moving Targets," in *Radar Conference* ,IEEE ,2018.

[7] Zhang Y. , et al. , "Path Loss Prediction Based on Machine Learning: Principle, Method, and Data Expansion," *Applied Sciences*, 2019.

[8] Krishnamurthy V. , *Adversarial Radar Inference. From Inverse Tracking to Inverse Reinforcement Learning of Cognitive Radar*, 2020. Online: https://arxiv. org/abs/2002. 10910.

[9] Haigh K. Z. , et al. , "Modeling RF Interference Performance," in *Collaborative Electronic Warfare Symposium*, 2014.

[10] Topal O. , Gecgel S. , and Eksioglu E. , *Identification of Smart Jammers: Learning Based Approaches Using Wavelet Representation*, 2019. Online: https://arxiv. org/abs/1901. 09424.

[11] Zhang G. , Jin W. , and Hu L. , "Radar Emitter Signal Recognition Based on Support Vector Machines," in *Control, Automation, Robotics and Vision Conference*, IEEE, Vol. 2, 2004.

[12] Zhang G. , Rong H. , and Jin W. , "Application of Support Vector Machine to Radar Emitter Signal Recognition," *Journal of Southwest Jiaotong University*, Vol. 41, No. 1, 2006.

[13] Barshan B. , and Eravci B. , "Automatic Radar Antenna Scan Type Recognition in Electronic Warfare," *Transactions on Aerospace and Electronic Systems*, Vol. 48, No. 4, 2012.

[14] Mustafa H. , and Doroslovacki M. , "Digital Modulation Recognition Using Support Vector Machine Classifier," in *Asilomar Conference on Signals, Systems and Computers*, IEEE, Vol. 2, 2004.

[15] Park C. – S. , et al. , "Automatic Modulation Recognition Using Support Vector Machine in Software Radio Applications," in *International Conference on Advanced Communication Technology*, IEEE, Vol. 1, 2007.

[16] Li X. , et al. , "Deep Learning Driven Wireless Communications and Mobile Computing," *Wireless Communications and Mobile Computing*, 2019.

[17] Majumder U. , Blasch E. , and Garren D. , *Deep Learning for Radar and Communications Automatic Target Recognition*, Norwood, MA: Artech House, 2020.

[18] O'Shea T. , Corgan J. , and Clancy T. , "Convolutional Radio Modulation Recognition Networks," in *International Conference on Engineering Applications of Neural Networks*, Springer, 2016.

[19] O'Shea T. , Roy T. , and Clancy T. , "Over – the – Air Deep Learning Based Radio Signal Classification," *IEEE Journal of Selected Topics in Signal Processing*, Vol. 12, No. 1, 2018.

[20] Shi Y. , et al. , "Deep Learning for RF Signal Classification in Unknown and Dynamic Spectrum Environments," in *International Symposium on Dynamic Spectrum Access Networks*, IEEE, 2019.

[21] Sun J. , et al. , "Radar Emitter Classification Based on Unidimensional Convolutional Neural Network," *IET Radar, Sonar and Navigation*, Vol. 12, No. 8, 2018.

[22] Notaro P. , et al. , *Radar Emitter Classification with Attribute – Specific Recurrent Neural Networks*, 2019. Online: https://arxiv. org/abs/1911. 07683.

[23] Li M. , et al. , "Generative Adversarial Networks – Based Semi – supervised Automatic Modulation Recognition for Cognitive Radio Networks," *Sensors*, 2018.

[24] Shi Y. , Davaslioglu K. , and Sagduyu Y. , *Generative Adversarial Network for Wireless Signal Spoofing*, 2019. Online: https://arxiv. org/abs/1905. 01008.

[25] Urrego B. , "Army Signal Classification Challenge," in *GNURadio Conference*, 2018.

[26] Logue K. , et al. , "Expert RF Feature Extraction to Win the Army RCO AI Signal Classification Challenge," in *Python in Science*, 2019.

[27] Vila A. , et al. , "Deep and Ensemble Learning to Win the Army RCO AI Signal Classification Challenge," in *Python in Science*, 2019.

[28] Xu Q. , et al. , "Device Fingerprinting in Wireless Networks: Challenges and Opportunities," *IEEE Communications Surveys & Tutorials*, Vol. 18, No. 1, 2016.

[29] Chen F. , et al. , *On Passive Wireless Device Fingerprinting Using Infinite Hidden Markov Random Field*, 2012. Online: https://tinyurl. com/chen2012fingerprint.

[30] Nguyen N. , et al. , "Device Fingerprinting to Enhance Wireless Security Using Nonparametric Bayesian Method," in *INFOCOM*, 2011.

[31] Cain L. , et al. , "Convolutional Neural Networks For Radar Emitter Classification," in *Annual Computing and Communication Workshop and Conference*, IEEE, 2018.

[32] Sankhe K. , et al. , "ORACLE: Optimized Radio Classification Through Convolutional neuraL nEtworks," in *INFOCOM*, Dataset available at https://genesys – lab. org/oracle, 2019.

[33] Youssef K. , et al. , *Machine Learning Approach to RF Transmitter Identification*, 2017. Online: https://arxiv. org/abs/1711. 01559.

[34] Wong L. , et al. , "Clustering Learned CNN Features from Raw I/Q data for Emitter Identification," in *MILCOM*, 2018.

[35] Tong J. , et al. , "Deep Learning for RF Fingerprinting: A Massive Experimental Study," *Internet of Things(IoT)Magazine*, 2020.

[36] Restuccia F. , et al. , *DeepRadioID: Real – Time Channel – Resilient Optimization of Deep Learning – Based Radio Fingerprinting Algorithms*, 2019. Online: https://tinyurl. com/deep-RadioID.

[37] Haigh K. Z. , et al. , "Parallel Learning and Decision Making for a Smart Embedded Communications Platform," BBN Technologies, Tech. Rep. BBN – REPORT – 8579, 2015.

[38] Baldo N. , et al. , "A Neural Network Based Cognitive Controller for Dynamic Channel Selection," in *ICC*, IEEE, 2009.

[39] Haigh K. Z. , Varadarajan S. , and Tang C. Y. , "Automatic Learning – Based MANET Cross – Layer Parameter Configuration," in *Workshop on Wireless Ad hoc and Sensor Networks*, IEEE, 2006.

[40] Katidiotis A. , Tsagkaris K. , and Demestichas P. , "Performance Evaluation of Artificial Neu-

ral Network – Based Learning Schemes for Cognitive Radio Systems,"*Computers and Electric Engineering*,Vol. 36,No. 3,2010.

[41] Troxel G. ,et al. ,"Adaptive Dynamic Radio Open – Source Intelligent Team(ADROIT):Cognitively – Controlled Collaboration Among SDR Nodes,"in *Workshop on Networking Technologies for Software Defined Radio(SDR) Networks*,IEEE,2006.

[42] Haviluddin A. ,et al. ,"Modelling of Network Traffic Usage Using Self – Organizing Maps Techniques,"in *International Conference on Science in Information Technology*,2016.

[43] Qu X. ,et al. ,"A Survey on the Development of Self – Organizing Maps for Unsupervised Intrusion Detection,"*Mobile Networks and Applications*,2019.

[44] Demestichas P. ,et al. ,"Enhancing Channel Estimation in Cognitive Radio Systems by Means of Bayesian Networks,"*Wireless Personal Communications*,Vol. 49,2009.

[45] Selvi E. ,et al. ,"On the Use of Markov Decision Processes in Cognitive Radar:An Application to Target Tracking,"in *Radar Conference*,IEEE,2018.

[46] Thornton C. ,et al. ,*Experimental Analysis of Reinforcement Learning Techniques for Spectrum Sharing Radar*,2020. Online:https://arxiv. org/abs/2001. 01799.

[47] Lee G. – H. ,Jo J. ,and Park C. ,"Jamming Prediction for Radar Signals Using Machine Learning Methods,"*Security and Communication Networks*,2020.

[48] English D. ,*C4ISRNET the Compass/Net Defense Blogs:How multiINT Enables Deciphering the Indecipherable*,Accessed 2020 – 05 – 31,2015. Online:https://tinyurl. com/c4isrnet.

[49] Hall D. ,and Llinas J. ,"An Introduction to Multisensor Data Fusion,"*Proceedings of the IEEE*,Vol. 85,No. 1,1997.

[50] White F. ,"JDL,Data Fusion Lexicon,"*Technical Panel for C*,vol. 3,1991.

[51] Khaleghi B. ,et al. ,"Multisensor Data Fusion:A Review of the State – of – the – Art,"*Information Fusion*,Vol. 14,No. 1,2013.

[52] Castanedo F. ,"A Review of Data Fusion Techniques,"*The Scientific World Journal*,Vol. 2013,2013.

[53] Dong X. ,and Naumann F. ,"Data Fusion:Resolving Data Conflicts for Integration,"Proceedings of the VLDB Endowment,Vol. 2,No. 2,2009.

[54] Blasch E. ,and Lambert D. ,High – level Information Fusion Management and Systems Design,Norwood,MA:Artech House,2012.

[55] Liggins M. ,II,Hall D. ,and Llinas J. ,Handbook of Multisensor Data Fusion:Theory and Practice(Second Edition),CRC Press,2008.

[56] Blasch E. ,et al. ,"Revisiting the JDL Model for Information Exploitation,"in *FUSION*,IEEE,2013.

[57] ISIF. org. (2020). "International society of information fusion. "Accessed 2020 – 05 – 31,Online:http://isif. org/.

[58] Milisavljevic N. (Ed.), *Sensor and Data Fusion*, In – Teh, 2009.

[59] Walts, E., *Data Fusion for C3I: A Tutorial*, Argus Business, 1986.

[60] Fabeck G., and Mathar R., "Kernel – Based Learning of Decision Fusion in Wireless Sensor Networks," in *FUSION*, IEEE, 2008.

[61] Ansari N., et al., "Adaptive Fusion by Reinforcement Learning for Distributed Detection Systems," IEEE *Transactions on Aerospace and Electronic Systems*, Vol. 32, No. 2, 1996.

[62] Hossain M., Atrey P., and El Saddik A., "Learning Multisensor Confidence Using a Reward – And – Punishment Mechanism," *IEEE Transactions on Instrumentation and Measurement*, Vol. 58, No. 5, 2009.

[63] Stankovic J., and He T., "Energy Management in Sensor Networks," *Philosophical Transactions of the Royal Society A: Mathematical, Physical and Engineering Sciences*, Vol. 370, No. 1958, 2012.

[64] Levashova T., et al., "Situation Detection Based on Knowledge Fusion Patterns," in *International Workshop on Ontologies and Information Systems*, 2014.

[65] 3GPP, "Study on NR Positioning Support (Release 16)," Standard 3GPP TSG RAN TR 38. 855, 2019.

[66] Bartoletti S., et al., "5G Localization and Context – Awareness," in *5G Italy White eBook: from Research to Market*, 2018.

[67] Conti A., et al., "Soft Information for Localization – of – Things," *Proceedings of the IEEE*, Vol. 107, No. 11, 2019.

[68] Lau B., et al., "A Survey of Data Fusion in Smart City Applications," *Information Fusion*, Vol. 52, 2019.

[69] Witrisal K., et al., "High – Accuracy Localization for Assisted Living: 5G Systems Will Turn Multipath Channels from Foe to Friend," *IEEE Signal Processing Magazine*, Vol. 33, No. 2, 2016.

[70] Guerra A., Guidi F., and Dardari D., "Single – Anchor Localization and Orientation Performance Limits Using Massive Arrays: MIMO vs. Beamforming," *IEEE Transactions on Wireless Communications*, Vol. 17, No. 8, 2018.

[71] Wymeersch H., et al., "5G mmWave Positioning for Vehicular Networks," *IEEE Wireless Communications*, Vol. 24, No. 6, 2017.

[72] Win M. Z., et al., "Network Operation Strategies for Efficient Localization and Navigation," *Proceedings of the IEEE*, Vol. 106, No. 7, 2018.

[73] Campbell M., and Ahmed N., "Distributed Data Fusion: Neighbors, Rumors, and the Art of Collective Knowledge," *IEEE Control Systems Magazine*, Vol. 36, No. 4, 2016.

[74] Lang J., "Collective Decision Making Under Incomplete Knowledge: Possible and Necessary Solutions," in *IJCAI*, 2020.

[75] Makarenko A. , et al. , "Decentralised Data Fusion: A Graphical Model Approach," in *FU-SION*, 2009.

[76] Thompson P. , and Durrant – Whyte H. , "Decentralised Data Fusion in 2 – Tree Sensor Networks," in *FUSION*, 2010.

[77] Hall D. , et al. (Eds.) , *Distributed Data Fusion for Network – Centric Operations*, CRC Press, 2012.

[78] Chandola V. , A. Banerjee, and V. Kumar, "Anomaly Detection: A Survey," *ACM Computing Surveys*, Vol. 41, No. 3, 2009.

[79] Edgeworth F. , "On Observations Relating to Several Quantities," *Hermathena*, Vol. 6, No. 13, 1887.

[80] Song X. , et al. , "Conditional Anomaly Detection," *IEEE Transactions on Knowledge and Data Engineering*, Vol. 19, No. 5, 2007.

[81] Agyemang M. , Barker K. , and Alhajj R. , "A Comprehensive Survey of Numeric and Symbolic Outlier Mining Techniques," *Intelligent Data Analysis*, Vol. 10, No. 6, 2006.

[82] Ahmed M. , Mahmood A. N. , and Hu J. , "A Survey of Network Anomaly Detection Techniques," *Journal of Network and Computer Applications*, Vol. 60, 2016.

[83] Bakar Z. , et al. , "A Comparative Study for Outlier Detection Techniques in Data Mining," in *Conference on Cybernetics and Intelligent Systems*, IEEE, 2006.

[84] Beckman R. , and Cook R. , "Outlier……s," *Technometrics*, Vol. 25, No. 2, 1983.

[85] Hodge V. , and Austin J. , "A Survey of Outlier Detection Methodologies," *Artificial Intelligence Review*, Vol. 22, No. 2, 2004.

[86] Markou M. , and Singh S. , "Novelty Detection: A Review—Part 1: Statistical Approaches," *Signal Processing*, Vol. 83, No. 12, 2003.

[87] Markou M. , and Singh S. , "Novelty Detection: A Review—Part 2: Neural Network Based Approaches," *Signal Processing*, Vol. 83, No. 12, 2003.

[88] Patcha A. , and Park J. – M. , "An Overview of Anomaly Detection Techniques: Existing Solutions and Latest Technological Trends," *Computer Networks*, Vol. 51, No. 12, 2007.

[89] Chawla S. , "Deep Learning Based Intrusion Detection System for Internet of Things," Ph. D. dissertation, University of Washington, 2017.

[90] Yin C. , et al. , "A Deep Learning Approach for Intrusion Detection Using Recurrent Neural Networks," *IEEE Access*, Vol. 5, 2017.

[91] Bowman B. , "Anomaly Detection Using a Variational Autoencoder Neural Network with a Novel Objective Function and Gaussian Mixture Model Selection Technique," M. S. thesis, Naval Postgraduate School, 2019.

[92] Rajasegarar S. , et al. , "Centered Hyperspherical and Hyperellipsoidal One – Class Support Vector Machines for Anomaly Detection in Sensor Networks," *IEEE Transactions on Informa-*

tion Forensics and Security, Vol. 5, No. 3, 2010.

[93] Zhang M., Xu B., and Gong J., "An Anomaly Detection Model Based on One – Class SVM to Detect Network Intrusions," in *International Conference on Mobile Ad – hoc and Sensor Networks*, IEEE, 2015.

[94] Salman T., et al., "Machine Learning for Anomaly Detection and Categorization in Multi – Cloud Environments," in *International Conference on Cyber Security and Cloud Computing*, IEEE, 2017.

[95] Fiore U., et al., "Network Anomaly Detection with the Restricted Boltzmann Machine," *Neurocomputing*, Vol. 122, 2013.

[96] Pearl J., *Causality* (Second Edition), Cambridge University Press, 2009.

[97] Pearl J. "An Introduction to Causal Inference," *International Journal of Biostatistics*, 2010.

[98] Tople S., Sharma A., and Nori A., *Alleviating Privacy Attacks Via Causal Learning*, 2020. Online: https://arxiv. org/abs/1909. 12732.

[99] Ali B., et al., "A Causal Factors Analysis of Aircraft Incidents Due to Radar Limitations: The Norway Case Study," *Air Transport Management*, Vol. 44 – 45, 2015.

[100] Martin T., and Chang K., "A Causal Reasoning Approach to DSA Situational Awareness and Decision – Making," in *FUSION*, 2013.

[101] Martin T., and Chang K., "Situational Awareness Uncertainty Impacts on Dynamic Spectrum Access Performance," in *FUSION*, 2014.

[102] Martin T., and Chang K., "Development and Analysis of a Probabilistic Reasoning Methodology for Spectrum Situational Awareness and Parameter Estimation in Uncertain Environments," in *FUSION*, 2015.

[103] Cousins D., et al., "Understanding Encrypted Networks Through Signal and Systems Analysis of Traffic Timing," in *IEEE Aerospace*, Vol. 6, 2003.

[104] Tilghman P., and Rosenbluth D., "Inferring Wireless Communications Links and Network Topology from Externals Using Granger Causality," in *MILCOM*, 2013.

[105] Chen Y., et al., "Analyzing Multiple Nonlinear Time Series with Extended Granger Causality," *Physics Letters A*, Vol. 324, No. 1, 2004.

[106] Morris K., "What Is Hysteresis?" *Applied Mechanics Reviews*, Vol. 64, 2011.

[107] Deshmukh R., et al., "Reactive Temporal Logic – Based Precursor Detection Algorithm for Terminal Airspace Operations," Vol. 28, No. 4, 2020.

[108] Keren S., Mirsky R., and Geib C., *Plan, Activity, Behavior, and Intent Recognition Website*, Accessed 2020 – 03 – 14. Online: http://www. planrec. org/.

[109] Sukthankar G., et al., *Plan, Activity, and Intent Recognition*, Elsevier, 2014.

[110] Schmidt C., Sridharan N., and Goodson J., "The Plan Recognition Problem: An Intersection of Psychology and Artificial Intelligence," *Artificial Intelligence*, Vol. 11, No. 1, 1978.

[111] Keren S. ,Mirsky R. ,and Geib C. ,Plan Activity and Intent Recognition Tutorial,2019. Online: http://www. planrec. org/Tutorial/Resources_files/pair – tutorial. pdf.

[112] Geib C. ,and Goldman R. ,"A Probabilistic Plan Recognition Algorithm Based on Plan Tree Grammars,"*Artificial Intelligence*,Vol. 173,No. 11,2009.

[113] Geib C. ,and Goldman R. ,"Plan Recognition in Intrusion Detection Systems,"in *DARPA Information Survivability Conference and Exposition*,Vol. 1,2001.

[114] Geib C. ,"Delaying Commitment in Plan Recognition Using Combinatory Categorial Grammars,"in *IJCAI*,2009.

[115] Fu M. ,"AlphaGo and Monte Carlo Tree Search:The Simulation Optimization Perspective," in *Winter Simulation Conference*,2016.

[116] Latombe G. ,Granger E. ,and Dilkes F. ,"Graphical EM for Online Learning of Grammatical Probabilities in Radar Electronic Support,"*Applied Soft Computing*,Vol. 12,No. 8,2012.

[117] Wang A. ,and Krishnamurthy V. ,"Threat Estimation of Multifunction Radars:Modeling and Statistical Signal Processing of Stochastic Context Free Grammars,"in *International Conference on Acoustics*,*Speech and Signal Processing*,IEEE,2007.

[118] Lisý V. ,et al. ,"Game – Theoretic Approach to Adversarial Plan Recognition,"in *Frontiers in Artificial Intelligence and Applications*,Vol. 242,2012.

[119] Le Guillarme N. ,et al. ,"A Generative Game – Theoretic Framework for Adversarial Plan Recognition,"in *Workshop on Distributed and Multi – Agent Planning*,2015.

[120] Braynov S. ,"Adversarial Planning and Plan Recognition:Two Sides of the Same Coin,"in *Secure Knowledge Management Workshop*,2006.

[121] Kong C. ,Hadzer C. ,and Mashor M. ,"Radar Tracking System Using Neural Networks,"*International Journal of the Computer*,*the Internet and Management*,1998.

[122] Ming J. ,and Bhanu B. ,"A Multistrategy Learning Approach for Target Model Recognition, Acquisition,and Refinement,"in *DARPA Image Understanding Workshop*,1990.

[123] Rogers S. ,et al. ,"Artificial Neural Networks for Automatic Target Recognition,"in *Society of Photo – Optical Instrumentation Engineers*:*Applications of Artificial Neural Networks*,1990.

[124] Schmidlin V. ,et al. ,"Multitarget Radar Tracking with Neural Networks,"in *IFAC Symposium on System Identification*,Vol. 27,1994.

[125] Xiang Y. ,et al. ,"Target Tracking via Recursive Bayesian State Estimation in Cognitive Radar Networks,"*Signal Processing*,Vol. 155,2018.

[126] Gunturkun U. ,"Toward the Development of Radar Scene Analyzer for Cognitive Radar," *IEEE Journal of Oceanic Engineering*,Vol. 35,No. 2,2010.

[127] Bilik I. ,Tabrikian J. ,and Cohen A. ,"GMM – Based Target Classification for Ground Surveillance Doppler Radar," *IEEE Transactions on Aerospace and Electronic Systems*, Vol. 42,2006.

［128］ Davis B. , and Blair D. , "Gaussian Mixture Measurement Modeling for Long – Range Radars," *Defense Systems Information Analysis Center Journal*, Vol. 4, No. 3, 2017.

［129］ Espindle L. , and Kochenderfer M. , "Classification of Primary Radar Tracks Using Gaussian Mixture Models," *IET Radar, Sonar and Navigation*, Vol. 3, No. 6, 2009.

［130］ Kristan M. , et al. , "The Seventh Visual Object Tracking VOT2019 Challenge Results," in *ICCCV workshops*, 2019.

［131］ Ma M. , et al. , "Ship Classification and Detection Based on CNN Using GF – 3 SAR Images," *Remote Sensing*, Vol. 10, 2018.

［132］ Wagner S. , "SAR ATR by a Combination of Convolutional Neural Network and Support Vector Machines," *IEEE Transactions on Aerospace and Electronic Systems*, Vol. 52, No. 6, 2016.

［133］ Gao F. , et al. , "Combining Deep Convolutional Neural Network and SVM to SAR Image Target Recognition," in *International Conference on Internet of Things*, IEEE, 2017.

［134］ Choi J. , et al. , "Context – Aware Deep Feature Compression for High – Speed Visual Tracking," in *CVPR*, IEEE, 2018.

［135］ Sanna A. , and Lamberti F. , "Advances in Target Detection and Tracking in Forward – Looking Infrared(FLIR) Imagery," *Sensors*, Vol. 14, No. 11, 2014.

［136］ Yoon S. , Song T. , and Kim T. , "Automatic Target Recognition and Tracking in Forward – Looking Infrared Image Sequences with a Complex Background," *International Journal of Control, Automation and Systems*, Vol. 11, 2013.

［137］ Auslander B. , Gupta K. , and Aha D. , "Maritime Threat Detection Using Plan Recognition," in *Conference on Technologies for Homeland Security*, 2012.

［138］ Kozy M. , "Creation of a Cognitive Radar with Machine Learning：Simulation and Implementation," M. S. thesis, Virginia Polytechnic Institute, 2019.

第 5 章

电子防护和电子进攻

大多数电子战文献都认为电子防护和电子进攻是根本不同的主题。然而，从人工智能的角度来看，它们使用相同的底层算法。

电子防护和电子进攻之间的唯一区别在于任务目标，电子防护定义了仅与自身相关的目标，而电子进攻定义了与对手相关的目标。

例如，电子防护可能希望最小化误码率，而电子进攻的目标是最大化截获概率，误码率可以直接测量，而截获概率不能。电子战任务通常需要实现这两种类型的目标，因此将两种概念解耦是不明智的。由于本书的目标不是研究电子防护和电子进攻本身，而是强调人工智能和机器学习可以帮助它们解决的挑战，因此我们从人工智能决策的角度提出电子进攻和电子防护的解决方案。

电子战系统无论对环境和任务情景了解如何，都必须选择动作以实现任务目标。认知决策者将电子战系统具有的能力组合成策略，以实现预期的性能。正是基于这种策略生成的灵活性，电子战系统才有望实现其目标。图5.1概述了可实现电子防护和电子进攻目标的各种策略。

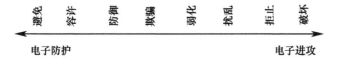

图 5.1　电子防护和电子进攻处于同一个频谱上，因此选择的
策略可以有效地实现多个任务目标

选择基于人工智能技术进行决策的两个主要原因是时间和复杂性。决策时间要求电子战系统自身能够比人类处理得更快。电子战领域过多的输入要

素和选项带来的复杂性让人无法迅速理解分析。

图5.2给出了一种决策过程的示意图。决策者从电子支援系统中获取输入,包括可观测量o和对指标m的最新控制反馈,并选择一个新的实施策略s。如果存在在线学习循环(第7章),系统可以动态地更新模型。举个简单的例子,想象一下你要选择畅通的上班路线。可观测量包括星期几、一天中的时间和天气状况。策略包括路线和车辆。指标是时间和距离。优化器根据当前条件选择最佳策略,并根据需要更新道路模型(如道路正在施工)。

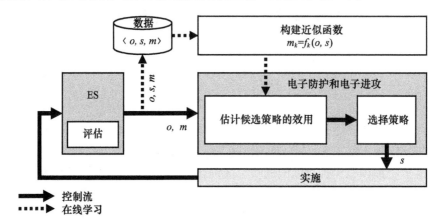

图5.2　决策者根据最新可观测量o和指标m的性能反馈来选择策略s。可选的在线学习步骤根据经验数据更新性能模型(基于示例7.1)

决策论是选择策略的最佳方法,因为它根据严格的推理来选择动作。决策论是在给定问题的约束和假设的情况下,根据预期结果选择动作的科学,如图5.3所示。

图5.3　决策论给出了考虑问题和做出选择的结构框架

决策论有着悠久的历史,著名经济学家Kenneth Arrow介绍了决策论的早期研究[1]。Russell和Norvig[2]对决策论进行了详尽的介绍和分析,讨论了理性决策、不确定性与部分可观测环境处理、随时间变化的效用计算以及对手应对的问题。在一个完整的认知电子战系统中,决策论出现在规划、调度和优化三个高度相关的概念中。

(1)规划:产生实现期望目标状态的动作序列。作为一个偏序图,规划是确定要做什么以及按什么顺序进行。规划更具战略性和全局性。电子战作战管理系统中的规划内容涉及部署多少平台、每个平台获得哪些资源,以及它们将派往何处。第 6 章讲述了电子战规划问题,该问题处于比调度和优化更高的层次。

(2)调度:将局部有序规划映射到特定资源和时隙。调度考虑何时以及如何行动,会深入到何时发送和何时接收的细节。5.2 节阐述了调度的问题。

(3)优化:能够评估多个计划的优劣以选择"最佳"计划。优化更具战术性和局部性。电子战系统需要优化的是电子防护和电子进攻指标,如能耗、检测概率和电子战战斗损伤评估。5.1 节讲述了包括多目标在内的优化方法。

这些活动没有明确的界定。传统上,人类创建电子战计划,然后将具体的调度工作和自主性赋予电子战系统。当电子战系统进行自主规划时,上述三项活动紧密地联系在一起。事实上,解决方案的可行性只能通过动态地协调上述三项活动[3-4]来保证。

第 2 章介绍了目标函数,第 4 章(电子支援)解释了可观测量如何描述环境。本章介绍如何选择策略,重点是优化和调度。5.1 节讲述了优化方法;5.2 节讨论了调度方法;5.3 节介绍了决策的一个理想属性:行动在实施中必须是可中断的;5.4 节研究了在分布式网络中进行优化的方法。

5.1　优　　化

优化问题包括选择一组值使得效用函数最大化或最小化。优化至少从 1646 年开始就成为一门数学学科[5],现已成为一个包括运筹学、经济学和人工智能等许多领域的交叉学科。人工智能提供的启发法和随机搜索策略使系统能够解决以前不可能解决的问题,如指数级性能空间搜索问题。5.1.1 节介绍了多目标优化的挑战;5.1.2 节重点介绍了人工智能界提出的一些近似最优方法;5.1.3 节介绍了一些用于改进优化的元学习技术。

5.1.1　多目标优化

同时优化所有目标几乎是不可能的。通常,系统必须权衡各种目标,使所有目标结果足够好,而不是在任何方面都达到最优。例如,有些问题需要对速率、范围和功率指标进行权衡,还有些问题需要在鲁棒性和效率指标间做出权衡。

Ramzan 等[6]探讨了频谱共享的多目标优化方法。雷达领域中的一个经典示例是检测概率与虚警概率,接收机操作特征曲线对这两个指标进行了权衡[7-9]。雷达和通信性能的联合优化[10]以及平台上的资源管理[11-12]都是常见的多目标优化问题。

当目标之间的理想平衡状态未知时,帕累托最优边界是每个目标的非劣解集,如图 5.4 所示。使用以下常用方法之一,"最佳"决策成为沿着帕累托边界的选项。

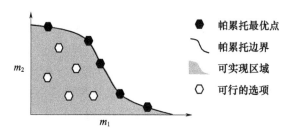

图 5.4　当没有一个指标可以在不降低其他指标的情况下实现优化时,
会出现帕累托最优点,如 m_1 的值越大,m_2 的值就越小

(1)平衡任务参数,以目标函数的形式确定所需的平衡,如通过指标的权重(2.4 节)。

(2)求解约束模型,其中一些指标必须满足最低要求,而另一些指标则是最优的(图 5.5)。

(3)计算选项的概率分布,如博弈论(6.2 节)。

(4)如果时间足够,向人类操作员展示可行的选项(6.3 节)。

如图 5.5 所示,当系统在最低运行要求下工作时,使用以下两种方法之一来表述问题可能是有益的。

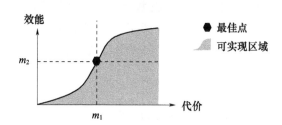

图 5.5　约束模型支持沿着帕累托边界的决策。单个目标
函数组合所有指标,代价使用负权重

（1）在代价受到约束的情况下最大限度地提高效能。

（2）在性能受到约束的情况下将代价降至最低。

代价$\leqslant m_1$和效能$\geqslant m_2$的目标决定了最佳运行状态点。虽然在数学上是等价的，但这两个公式带来了不同的实际问题[13-14]。

例如，考虑音频干扰器。有许多不同的技术可以减轻干扰器造成的干扰，每种技术都有不同的预期效能和代价（表 5.1）。即使在这种简单的情况下，也并不总是能直接做出选择。首先，干扰器的某些细节可能会降低抗干扰技术的预期效能，系统应学会根据反映这些细节的可观测量来估计抗干扰技术的性能（4.2 节）；其次，平台和任务承受代价可以不同；最后，任务的不同阶段可能有不同的优先事项，要求不同的选择，即使对于有相同预期效能的技术也是如此。

表 5.1　通信电子防护装置中具有不同预期效能和代价的抗音频干扰技术

策略	效能	代价
陷波滤波器	很高，但随着功率的增加，自适应陷波器可能会去除过多的信号	低
波束成形	通常很高；若干扰是分布式的，则较差	计算时间和多天线
动态频谱接入	很高，但可能会引入干扰	感知问题；协同时间
窄带跳频	取决于音调带宽	协同时间
冗余包	若音频为间歇性，则很好；否则较差	功率和一半的吞吐量
传播	较差	接收路径中的更大增益增加了饱和度的脆弱性
路由	中等	功率，延迟

在存在许多性能指标、功能、平台、任务和复杂干扰的实际情况下，传统的查表法和环境与技术一对一映射的应用效果都很差。

5.1.2　性能空间搜索

人工智能解决了如何搜索指数级性能空间的问题。传统的数学方法专注于全局最优解，但为包括电子战在内的大多数实际问题求得一个全局最优解是不可能的。根据对目标函数的定义，电子战具有指数级的策略个数（$\prod_{\forall c} v_c$，其中v_c是控制参数c的可能值的数量），并且迅速接近无穷大。当策略数量较少时，系统可以评估每个策略的效用，如算法 5.1 所述。

算法 5.1 当备选策略的数量很少时,节点 n 可以详细地估计出每个策略的效用。这种方法有效地为战场通信网络选择了电子防护干扰抑制方法(示例 7.1[15])。

对于每个候选策略 s_i:　　　　　　　　　　　　//节点 n 的所有备选策略

　　对于每个指标 m_k:　　　　　　　　　　　　//估计指标

$$m_k = f_k(o, s_i)$$

　　根据所有指标 m_k 计算 $\widetilde{U}(s_i)$　　　　　//估计效用

选择 $s = \text{argmax}_{s_i}\, \widetilde{U}(s_i)$　　　　　　　　//最佳策略

随着策略数量的增加,必须使用替代方法。如果目标函数是平滑的且具有相对较少的局部极大值点,那么基于梯度的搜索是寻找解决方案的有效方法。

然而,电子战目标函数很少是平滑的,且不一定是连续的,并且经常有许多局部极大值点,使得基于梯度的搜索不再适用,而适合采用随机搜索方法[16]。这类方法又称为元启发式方法、蒙特卡洛方法或随机算法,它们从统计的角度保证了最优解,但通常无法知道它们是否确实找到了最优解。

然而,最优很少是至关重要的,通常"良好"就足够了。

在电子战中,问题域是部分可观测且迅速变化的,一个近似解就足够了。换句话说,人们可能会将问题想得过于复杂。诺贝尔经济学奖获得者、人工智能之父 Herbert A. Simon 提出了"有限理性"的概念[17],即个人的理性受到他们所拥有的信息、思维局限性以及做出决定的限定时间的限制。5.3 节延续了这一思路。

此外,许多电子战系统具有对抗最严重威胁的性能。例如,采用自适应波束成形技术的雷达可以产生 50dB 的零陷深度,以对抗噪声干扰机。选择 50dB 的零陷值通常是为了对抗距离目标最近处最强大的干扰,从而在距离期望目标最近的角度产生最高的等效各向同性辐射功率(effective isotropic radiated power,EIRP)。因此,如果学习系统选择自适应波束成形技术作为电子防护措施,即使它的某些参数不是最优的,也可有效对抗大量干扰,因为系统中已具备抗干扰的额外措施。

随机搜索方法在选择最终策略之前,通过多次迭代不断计算群体中个体的质量(算法 5.2)。在我们的例子中,群体 P 是节点上可用的所有备选策略的子集,并且该子集远小于可用备选策略的总数。不同随机算法的区别在于它们用于计算每次连续迭代的元启发式算法。

算法5.2　元启发式算法使用随机方法搜索性能空间,该随机方法通过一小群个体进行搜索。效用函数 $\widetilde{U}_n$ 评估了个体的质量。

P = 计算节点 n 的候选策略的初始群体
　　对于每个迭代:　　　　　　　　　　　　　　　　//收敛或最大迭代
　　　　对于每个候选策略 $s_i \in P$:
　　　　　　对于每个指标 m_k:　　　　　　　　　　//估计指标
　　　　　　　　$m_k = f_k(o, s_i)$　　　　　　　　//估计效用
　　　　　　计算 $\widetilde{U}_n(s_i)$
　　　　　　P = 更新群体(位置或个体)　　　　　　//最后一群中的最佳策略
　　选择 $s = \mathrm{argmax}_{s_i} \in P(\widetilde{U}_n(s_i))$

我们对随机优化算法的讨论还远远不够全面;我们仅列出了部分对电子战空间已证明有效的算法,并给出了一些示例。Beheshti 和 Shamsuddin[18] 回顾了基于群体的元启发式算法,包括数学公式和算法选择的权衡。Jamil 和 Yang[19] 提出了 175 个不同的基准问题,这些问题能够验证优化算法的性能,更重要的是验证了每个算法的特点。Ramzan 等[6]对认知无线电网络背景下的优化方法进行了探索。北约的《认知雷达报告》介绍了许多优化方法及其应用[20]。这些技术只是一个起点,可以与其他方法相结合并加以扩充。下面介绍几种随机优化算法。

(1)蚁群优化(ant colony optimization,ACO)算法。它是一种鲁棒性强的通用元启发式算法,用于解决组合优化问题,其中一群人工"蚂蚁"随机搜索生成初始的解决方案[21-22]。当蚂蚁在解空间中移动时,它们会留下"信息素";若某路径被选择的概率更高,则该路径会有浓度更高的信息素。在蚁群优化算法5.2 中更新群体意味着将蚂蚁"移动"到不同的策略。

优点:蚁群算法本质上是并行的,保证了收敛性,并且可以用于动态应用情景。

缺点:由于蚁群优化算法是一种随机搜索方法,收敛时间不确定,理论上很难分析,也不能保证最优解。前一次迭代中所得好的解决方案会增大后续解决方案遵循相似路径的概率,从而降低了群体的多样性。

蚁群优化算法在认知无线电网络中用于构建路由树[23-24]、分配信道[25]和调整传输参数[26]。Karaboga 等[27]使用蚁群优化算法来寻找线性天线阵列中的零点。Ye 等[28]将蚁群优化算法与 Tabu 搜索结合,以实施协同合作干扰决策。

(2)粒子群优化(particle swarm optimization,PSO)算法。它使用候选解即粒

子的群体在搜索空间中移动[29]。粒子的运动由它们自己估计的位置以及粒子群已知最好的位置来引导。

优点：粒子群优化算法结构简单，易于编码，比遗传算法更有效，特别是在连续变量问题上。粒子群优化算法可以在动态应用中使用。

缺点：粒子群优化算法参数的选择会对优化效果产生很大影响，并且可能会导致算法过早地收敛到局部最优解，特别是在复杂问题中。

粒子群优化算法可用于求解无线电网络中传输和资源分配等多参数问题[6]。粒子群优化算法适用于雷达脉冲压缩编码[30-31]和离散频率波形设计[32-33]。

(3)遗传算法(genetic algorithm，GA)。它是另一种基于群体的随机搜索方法，算法得到的解被编码为"染色体"[34]。这种元启发式算法使用变异、交叉和选择来获得复杂问题的高质量解。

优点：遗传算法本质上适用于离散值问题，并且很容易并行化。

缺点：遗传算法容易过早收敛，而保持群体的多样性至关重要[35-37]。遗传算法需要针对特定问题编码，可能很难创建。此外，遗传算法的计算效率低于粒子群优化算法[38]。

遗传算法用于求解具有功率管理、传输性能和共享频谱使用等多目标传输的多参数问题[6,39]。遗传算法已用于雷达设计[40]、波形选择[41]、波形设计[42-43]、目标识别[44-45]和干扰抑制[46]。

(4)模拟退火。它是另一种搜索元启发式算法，以概率方式决定是否从一个解转移到另一个解[47]。与遗传算法和粒子群优化算法不同，它只有一个搜索实例。通常选择的概率函数需要满足当解质量差异增大时，移动的概率减小。也就是说，小幅移动比大幅移动更有可能。它可以应用在遗传算法和粒子群优化算法中以缩短搜索时间。

优点：模拟退火相对容易编码，通常能给出一个合适的解。从统计学上讲，它可以保证找到最优解。由于模拟退火只有一个个体，因此它比基于群体的方法需要更少的内存。

缺点：出于同样的原因，它更有可能在所处的初始谷值中结束，因为它无法判断是否找到了最优解。

模拟退火已用于各种问题，如检测天线故障[48]、满足无线电网络需要的服务质量[49]、估计雷达散射截面积[50]、定位干扰机[51]和抑制干扰[52]。模拟退火和遗传算法结合用于认知无线电网络中的功率分配[53]、雷达成像[54]以及MIMO传感器阵列设计[55]。模拟退火已与其他人工智能技术(如基于案例的推理[56])相结合，以提高收敛速度。

(5)交叉熵方法(cross-entropy method,CEM)。它是一种用于重要性抽样的随机搜索方法。它依照概率分布抽取样本,然后最小化该分布与目标分布之间的交叉熵,以便在下一次迭代中生成更好的样本[57-58]。Amos 和 Yarats[59]提出了一种离散化交叉熵的方法,以便与梯度下降法一起使用。

优点:交叉熵方法定义了一个精确的数学框架以及在某种意义上最优的学习规则。它对参数设置具有鲁棒性。交叉熵方法对于稀有事件模拟很有价值,因为在这种情况下需要准确估计极小的概率。

缺点:收敛时间是不确定的,停止条件是启发式的。原始的交叉熵方法具有很高的存储和计算要求[60]。

交叉熵方法用于估计和优化网络可靠性[57,61]、查找网络路径[62]和设置零点[63]。Naeem 等[64]使用交叉熵方法优化合作通信和降低温室气体排放。交叉熵方法还可用于天线设计问题[65]和提高强化学习的学习效率[58,60]。与模拟退火一样,交叉熵方法可以与基于群体的方法相结合,以便提供并行化解决方案[66-67]。

尽管优化是一个成熟的技术领域,但新的技术仍在不断发展。此外,可以将各个优化方法结合起来以获得更好的优化性能,如更快的优化速度或更高的解的质量。许多其他方法同样有帮助,包括混合方法(3.3 节)和元学习(5.1.3 节)。例如,虽然性能曲面在理论上是无限大的,但电子战交战受到物理特性和交战进程的限制,启发法可以利用这种约束,使用随机方法来搜索剩余的状态空间。

5.1.3 基于元学习的优化

元学习是学会学习的过程[68-69],它是一种对学习现象的认识和理解,而不是学习学科知识。元学习算法更改优化算法的操作参数,使其预期性能随着经验的增加而提高。元学习有一些难以理解,因为学习涉及创建规则来更有效地评估或做出决定,而元学习是学会学习。许多学习算法都是优化器,因此元学习能够学会优化学习算法,即改进优化器。

元学习的早期研究着眼于通过偏差管理实现不同算法的选择[70],元遗传编程可以进化出更好的遗传程序[71]以及学习优化神经网络中的学习规则[72]。

元学习能够学习如何自动利用所关注问题的结构,不再需要手动调整[73]。元学习提供了以下多种好处。

速度:更快地学习或优化。

易用性:算法调整过程自动化。

适应性：对环境变化的敏捷性。

数据约减：将知识从一个情景转移到另一个情景。

可以将多种元学习方法结合起来，以提高机器学习模型的泛化能力及决策引擎的效率和准确性，如图 5.6 所示。

图 5.6　元学习通过改变数据表示方式、确定搜索优先顺序、
调整超参数、变换效用函数提高解的质量

元学习可以通过更改 $\tilde{U}_n$ 中的参数数量学习任务[74-75]的低维表示，以使其更容易搜索。其他降维方法包括主成分分析（principalcomponents analysis，PCA）和人工神经网络，如 3.1.2 节中的 Kohonen 网络和自动编码器。

元学习有助于对搜索策略进行排序，以从最重要的可控量即对解贡献最大的量开始搜索，而对不太重要的可控量使用默认值或在前一个时间步中选择的值。该算法仅在确定这些重要可控量后才会搜索不太重要的可控量。这种方法类似于 7.3 节中的学习如何计划。例如，通信干扰中使用适当的占空比作为主要可控量以产生干扰，而次要可控量是频率偏移和特定的调制技术等干扰波形的细节。

元学习可以分析搜索过程以优化超参数，从而更有效地搜索[76-78]。元学习算法优化一组用于控制 $\tilde{U}_n$ 优化的超参数 θ。如图 5.7 所示，元学习算法使用元效用函数($\tilde{U}_n$, J)，其中 J 评估了优化算法的质量，如收敛速度。

对应地，对导数的离散化处理可以创建 $\tilde{U}_n$ 的可微版本，该版本适用于基于梯度的方法[59]。

7.3 节介绍了在强化学习和与环境直接交互的情景下改进决策的其他学习方法。此处介绍的所有方法也可以视为强化学习方法。

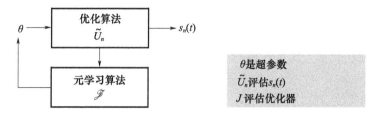

图 5.7　元学习使用元效用函数 J 优化了优化器的超参数 θ

5.2　调　度

调度将局部有序规划映射到特定资源和时隙。调度与何时、如何行动有关。在电子战中,调度通常深入到何时发射以及何时接收的技术细节。

单个电子战节点上的资源调度器可以决定何时激活传感器、何时以及如何发射、何时以及如何避免特定电磁特征或何时以及如何接收。对于分布式电子战系统,这些细节(如何以及何时)只会增加调度的复杂性。电子战资源调度器需要明确动作序列及其资源需求,即一组需要使用的资源、约束条件以及目标函数。

关键路径方法建立了一个与动作相关的有向图。关键路径是总持续时间最长的路径,它决定了整个电子战任务的最长持续时间,任何位于关键路径上的任务都称为关键任务。关键任务及其相互依赖关系可用甘特图或类似方法表示。认知电子战中的关键任务是频谱感知、频谱分析和频谱决策,电子战使命是这些任务所构成认知周期的不断迭代,如图 5.8 所示。

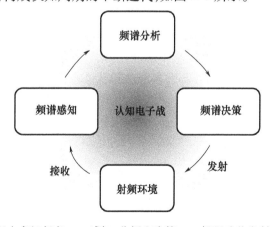

图 5.8　每个高级任务——感知、分析和决策——都驱动着发射/接收调度

在计算领域,调度方法最早应用于作战管理。工业装配线和人类生活的许多方面都需要调度,与计算有着相同的关注点,包括对效率的追求。制定调度策略与确定关键假设以及重要指标有关。计算机科学中的重要指标包括工作量、任务、周转时间和公平性[79]。目前计算机科学中有许多调度规则,被应用于网络路由器、操作系统、磁盘驱动器、嵌入式系统和分组交换无线网络的解决方案中。

在电子战系统中,调度器选择电子战系统发射和接收的时机。它可以以循环或线性方式执行,线性调度是有限的,而循环调度周期性重复。理想的任务调度需要了解所有可能的状态,然而某些状态的部分可观测性可能会使完成特定调度变得困难。考虑到存在诸如输出功率、能量效率和时间要求等众多约束条件,手动预先规划是一项艰巨的任务,通常是不可能完成的。而自动调度器可以为这些不同的约束条件分配权重或代价,从而不需要手动预先规划。

自动调度必须对所有任务的执行顺序进行优先级排序,但任务本身的性质可能必须由认知电子战系统设计人员预先确定。此外,分布式电子战系统的单个节点可能知道其情景范围内的所有状态,但不知道其他节点或参与者的状态。每个节点可以及时、局部地完成部分任务,但节点之间的协调至关重要。如果节点间协调不足,节点可能不会朝着相同的目标努力,并可能最终导致彼此的目标发生冲突。例如,调度器必须在意识到有限的节点连接性和可见性的情况下,验证任务是否已成功完成并管理错误执行任务的赏罚。

设计人员的目标是创建一个在任务和操作约束范围内实现其所有调度目标的调度器。在分布式系统中,决策应基于节点的响应情况来决定是否需要完全放弃某些任务或允许另一个节点执行该任务。对时空情景缺乏全面的了解也将决定人们的调度算法的边界。调度器利用对许多状态(无论是过去、当前或预先计划/预测未来)的了解,可以在执行任务时调整其参数,即调整其总体计划。调度器应根据资源可用性调整调度。时间对于实时认知电子战系统至关重要,因此近实时决策必须根据传感器数据、天气、天线阵列可用性或更笼统的资源可用性等许多内部和外部因素来确定要执行的任务的适当顺序。

例如,现代商业通信系统具有调度器,能够使它们对何时发射、何时接收以及在什么频率和时隙方面进行优先排序,如频分多址(frequency – division multiple access,FDMA)或时分多址(time – division multiple access,TDMA)方案。对于任何电子战系统来说,动态频谱接入都是一个有吸引力的特点,应该成为系统调度算法的一部分。

调度器决定执行系统任务的顺序,同时评估资源可用性并确定如何利用这些资源。调度器依赖态势估计信息以重新对任务进行排序。虽然一个简单的调度器可以是完全确定的,如基于规则或使用预先确定的输入和输出进行硬编码,但也必须支持调度应对意外、未知或部分可观测的状态。

最后,对任务环境的全面了解对于以最佳顺序成功执行系统任务非常重要。灵活性是关键,确定优先次序和重新确定优先次序同样重要。调度器应该识别那些可能会在不方便接收或处理的时间到达的有价值的信息。调度器还可以利用"战斗或逃逸"功能或紧急模式,在紧急情况下放弃正在进行的调度去处理紧急情况以保护电子战系统。

表5.2 给出了文献中与认知电子战相关的几个调度器例子。

表5.2 电子战调度器示例中使用的优化方法

类别	示例
通信	使用局部搜索、模拟退火和蚁群优化算法的卫星广播调度[80];低功率终端操作的卫星调度[81];将发射能量降至最低[82];长期演进上行链路定时调校和功率控制[83];多天线系统的用户调度[84];用于移动自组织网络优化的机器学习赋能的鱼眼状态路由(fish-eye state routing, FSR)[85];基于模拟退火的自适应移动自组织网络路由算法[86];基于微时隙恢复的移动自组织网络传输调度协议[87];用于移动自组织网络的基于位置的广播 TDMA 调度[88];用于认知无线电网络的频谱感知调度器[89];用于认知无线电网络的基于遗传算法的调度算法[90];用于认知无线电网络的实时启发式调度[91];用于认知无线电网络的实时调度器[92];用于集中式认知无线电网络的多项式时间、节能启发式调度器[93];分布式传感器网络调度[94];资源分配技术综述[95],包括克隆遗传算法、用于绿色无线电资源分配的基于加权和法(weighted-summethod, WSM)的分布估计算法(estimation of distribution algorithm, EDA)等
雷达	使用混合遗传算法和启发式算法的相控阵任务调度[96];机器学习赋能的有源电子扫描阵列(active electronically scanned array, AESA)天线调度[97];多功能雷达网络贪心启发式调度[98];多功能相控阵雷达调度启发法[99];使用蒙特卡洛树搜索的多功能雷达[100]
电子战	电子防护的鱼眼状态路由和功率控制[85];用于机载电子对抗(electronic counter measure, ECM)的部分可观测马尔可夫决策过程(partially observable markov decision process, POMDP)[101];用于电子支援的机器学习赋能的周期性传感器调度[102];基于博弈的干扰资源和电子进攻策略优化方法[103];基于风险的多传感器调度,使用部分可观测马尔可夫决策过程和决策树进行目标威胁评估[104]
通用框架	基于知识工程的调度[105];面向网络化嵌入式系统的异构驱动任务调度和端到端同步调度算法[106];基于多项式时间启发式算法的效用累积实时调度器[107];异构分布式系统的强化学习调度器[108];用于大规模资源调度的基于机器学习的通用解[109];使用深度强化学习的在线资源调度算法[110];用于组合优化的学习启发法的机器学习方法[111];使用演化式计算的调度方法[112];规划和调度的时间推理[113]

5.3　任意时间算法

电子战决策算法可在具有硬实时要求的快速变化环境中运行,新的优先事项可能随时"弹出",资源可能会意外耗尽。对于决策者来说,理想的状态是电子战决策算法既可以快速生成解,也可以在时间允许的情况下花更多的时间寻找更好的解。虽然决策的零延迟可能是一个目标,但在实践中更长的决策时间如等待一两秒钟可能会产生更好的结果。

任意时间算法运行的时间越长,就越能找到更好的解。它由 Dean 和 Boddy 在 20 世纪 80 年代提出[114],可以在计算过程中的任何时间点被中断以返回一个结果,其效用是计算时间的函数。灵活计算这一类似概念[115]明确地衡量了额外计算时间的效益与仅使用部分解的代价。这两种观点都源于 Herbert A. Simon 的满意度概念[116],它是指搜索解直到其满足可接受的阈值。当由于计算困难或缺乏信息而无法确定最优解时,满意度特别有用。观测时间越长观测质量越好,计算时间越长则优化效果也越好。任意时间算法揭示出找到最优解所需时间过长通常会降低整体效用,类似收益递减规律。

大多数元启发式算法都满足以下条件,每次迭代都会提高最佳可用解的质量,可以根据需要随时停止。在 5.1.2 节中,任意时间算法在从图像配准[117]到自适应天气控制雷达[118]等需要快速生成近似解的领域是有效的。

Zilberstein 关注元控制的问题,即编译、控制和管理多个任意时间算法[119-120],并将雷达威胁分析和目标分配问题作为激励方案之一,指出[119]:

设计用于跟踪目标的雷达组件和设计用于执行目标分配的规划组件显然是相互依赖的,第一个组件的质量明显影响第二个组件的质量。使用可配置性能文件和动态调度对于解决此类问题似乎是必不可少的。

5.1.3 节的元学习改进了这项工作,以学习和利用性能预测[121-123]。

5.4　分布式优化

电子战系统可能需要在单平台或跨平台的多个决策者之间进行优化。雷达和通信系统都需要分布式决策,但通信系统具有更长的延迟和更多的协同。

方法因决策问题的以下性质而异。

（1）集中式：单个决策者为所有组件和所有节点找到解。

（2）分布式：决策者使用局部通信来协调动作。

（3）分散式：决策者完全独立，不需要通信协调。

在单个平台上，单个优化器通常会找到比多个优化器更接近最优解的解，因为它可以搜索单个全局解。然而，由于不同的时间尺度、不同的信息类型和要同步的信息量，单个优化器的设计更具挑战性。

在整个平台网络中，单一的集中式优化器是不合适的，主要是会出现单一瓶颈问题，即如果集中式优化器失败，整个系统就会失败，还会产生包括决策延迟、信息隐私和可检测发射在内的其他问题。与其在行动之前试图找到一个并非必要的全局最优决策，不如快速做出一个局部良好的决策。图 5.9 说明了集中式优化方法的实际限制。许多分布式和分散式优化解决方案本质上都是任意时间算法，这使得它们天生就适合在电子战这个动态领域中生成令人满意的解。

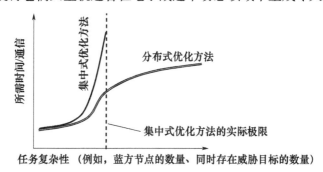

图 5.9　集中式优化方法很快就达到了实际极限

在电子战中，集中式节点可以捕获"慢时间"的信息，包括对更广泛的任务策略的更改、电子战交互（6.3 节）、较慢的信息传播和任务管理[124-125]（6.1.6 节）。

分布式优化方法跨局部邻域进行通信以协调动作。传统方法假设通信是安全且畅通的。而在电子战中，由于受到干扰、设备移动造成中断或决定减少射频辐射，通信受到限制或被拒止，传统方法所依据的假设条件就变得不成立。6.1.4 节讨论了规划通信时机的方法，即根据传输代价管理信息共享的收益。

文献［126-128］在考虑通信的代价、内存使用和最优性等因素的情况下，研究了分布式优化的求解问题。

共识传播[129]是一种轻量级通信方法，允许每个节点在不知道网络中有多少个节点的情况下，共享其对全局效用的局部估计，并快速计算整体平均值。

蚁群优化算法同样具有较低的通信需求。

完全分散式协调要求每个节点独立评估其对全局解的贡献。一种选择是制定效用函数,以便每个节点的局部最优值准确地反映其对团队全局最优值的贡献。标注2.1的正式问题定义使用效用函数的完全局部近似,为在线学习环境中的通信网络选择电子防护干扰抑制方法(示例7.1[15])。Molzahn等[130]在经典控制理论和实时反馈控制的背景下,提出了一种电力系统分散优化的方法。

无通信学习[131]将问题形式化以使局部感知足以确定解是否有效。作者在文献[131]中研究了对图着色、具有信道相关干扰的信道分配、会话间网络编码和分散传输调度的建模问题。每个节点只需要知道自己的任务,而不需要知道其他节点的选择。

分布式优化方法支持信息融合[118]、资源分配[124,131-132]和调度[133],一个常见应用是定时同步。定时同步可用于数据融合、占空比、协同定位和行动协调,如分布式波束成形[134-136]。

5.5 小 结

正如机器学习和统计推断[137]一样,优化[138]也没有普适性:如果一个算法在某一类问题上表现良好,那么它通常会在其他问题上表现不佳。

本章介绍了一些已证明对电子战问题有效的优化方法,这些方法可支持以下工作:

(1)多目标优化;
(2)快速搜索指数级性能曲面;
(3)动态环境处理;
(4)在有更多可用时间情况下提高解的质量;
(5)多个节点在通信受限情况下良好运行。

参考文献

[1] Arrow K. ,"Decision Theory and Operations Research,"*Operations Research*,Vol. 5,No. 6,1957.

[2] Russell S. ,and Norvig P. ,*Artificial Intelligence:A Modern Approach*,Pearson Education,2015.

[3] Chien S. ,et al. ,"Automated Planning and Scheduling for Goal – Based Autonomous Space-craft,"*Intelligent Systems*,Vol. 13,No. 5,1998.

[4] R – Moreno M. ,et al. ,"RFID Technology and AI Techniques for People Location,Orientation and Guiding,"in *International Conference on Industrial,Engineering and Other Applications of*

Applied Intelligent Systems,2009.

［5］ Du D. ,Pardalos P. ,and Wu W. , "History of Optimization," in *Encyclopedia of Optimization* (C. Floudas and P. Pardalos,Eds.) ,Springer,2009.

［6］ Ramzan M. ,et al. , "Multi – Objective Optimization for Spectrum Sharing in Cognitive Radio Networks:A Review," *Pervasive and Mobile Computing*,Vol. 41,2017.

［7］ Cassady P. ,*Bayesian Analysis of Target Detection with Enhanced Receiver Operating Character-istic*,2019. Online:https://arxiv. org/abs/1903. 08165.

［8］ Chalise B. ,Amin M. ,and Himed B. , "Performance Tradeoff in a Unified Passive Radar and Communications System," *IEEE Signal Processing Letters*,Vol. 24,No. 9,2017.

［9］ Grossi E. ,Lops M. ,and Venturino L. , "A New Look at the Radar Detection Problem," *Transactions on Signal Processing*,Vol. 64,No. 22,2016.

［10］ Chiriyath A. , et al. , "Radar Waveform Optimization for Joint Radar Communications Performance," *Electronics*,Vol. 8,No. 12,2019.

［11］ AlQerm I. ,and Shihada B. , "Adaptive Multi – Objective Optimization Scheme for Cognitive Radio Resource Management," in *GLOBECOM*,IEEE,2014.

［12］ Mitchell A. ,et al. , "Cost Function Design for the Fully Adaptive Radar Framework," *IET Radar,Sonar and Navigation*,2018.

［13］ Haigh K. Z. ,Olofinboba O. ,and Tang C. Y. , "Designing an Implementable User – Oriented Objective Function for MANETs," in *International Conference On Networking,Sensing and Control*,IEEE,2007.

［14］ Charlish A. ,and Hoffman F. , "Cognitive Radar Management," in *Novel Radar Techniques and Applications*(R. Klemm,et al. ,Eds.) ,Scitech Publishing,2017.

［15］ Haigh K. Z. ,et al. , "Parallel Learning and Decision Making for a Smart Embedded Communications Platform," BBN Technologies,Tech. Rep. BBN – REPORT – 8579,2015.

［16］ Zabinsky Z. B. , "Random Search Algorithms," in *Wiley Encyclopedia of Operations Research and Management Science*,2011.

［17］ Simon H. , "A Behavioral Model of Rational Choice," *Quarterly Journal of Economics*,Vol. 69,No. 1,1955.

［18］ Beheshti Z. ,and Shamsuddin S. , "A Review of Population – Based Metaheuristic Algorithm," *International Journal of Advances in Soft Computing and its Applications*,Vol. 5,No. 1,2013.

［19］ Jamil M. ,and Yang X. – S. , "A Literature Survey of Benchmark Functions for Global Optimization Problems," *International Journal of Mathematical Modelling and Numerical Optimisation*,Vol. 4,No. 2,2013.

［20］ Task Group SET – 227, "Cognitive Radar," NATO Science and Technology,Tech. Rep. TR – SET – 227,2020.

［21］ Dorigo M. , "Optimization,Learning and Natural Algorithms," Ph. D. dissertation,Politecnico di Milano, Milan, Italy, 1992.

[22] Katiyar S. , Nasiruddin I. , and Ansari A. , "Ant Colony Optimization: A Tutorial Review," in *National Conference on Advances in Power and Control*, 2015.

[23] Almasoud A. , and Kama A. , "Multi – Objective Optimization for Many – to – Many Communication in Cognitive Radio Networks," in *GLOBECOM*, IEEE, 2015.

[24] Zhang Q. , He Q. , and Zhang P. , "Topology Reconfiguration in Cognitive Radio Networks Using Ant Colony Optimization," in *Vehicular Technology Conference*, IEEE, 2012.

[25] He Q. , and Zhang P. , "Dynamic Channel Assignment Using Ant Colony Optimization for Cognitive Radio Networks," in *Vehicular Technology Conference*, IEEE, 2012.

[26] Waheed M. , and CaiA. , "Cognitive Radio Parameter Adaptation in Multicarrier Environment," in *International Conference on Wireless and Mobile Communications*, IEEE, 2009.

[27] Karaboga N. , Güney K. , and Akdagli A. , "Null Steering of Linear Antenna Arrays with Use of Modified Touring Ant Colony Optimization Algorithm," *International Journal of RF and Microwave Computer – Aided Engineering*, Vol. 12 , No. 4 , 2002.

[28] Ye F. , Che F. , and Gao L. , "Multiobjective Cognitive Cooperative Jamming Decision – Making Method Based on Tabu Search – Artificial Bee Colony Algorithm," *International Journal of Aerospace Engineering*, 2018.

[29] Kennedy J. , and Eberhart R. , "Particle Swarm Optimization," in *International Conference on Neural Networks*, Vol. 4 , 1995.

[30] Hafez A. , and El – latif M. , "New Radar Pulse Compression Codes by Particle Swarm Algorithm," in *IEEE Aerospace Conference*, 2012.

[31] Li B. , "Particle Swarm Optimization for Radar Binary Phase Code Selection," in *Radar Sensor Technology*, 2018.

[32] Reddy B. , and Kumari U. , "Performance Analysis of MIMO Radar Waveform Using Accelerated Particle Swarm Optimization Algorithm," *Signal and Image Processing*, Vol. 3 , No. 4 , 2012.

[33] Praveena A. , and Narasimhulu V. , "Design of DFC Waveforms for MIMO Radar Using Accelerated Particle Swarm Optimization Algorithm," *International Journal of Engineering Trends and Technology*, Vol. 33 , No. 2 , 2016.

[34] Holland J. , "Genetic Algorithms and Adaptation," in *Adaptive Control of Ill – Defined Systems*, Vol. 16 , 1984.

[35] Meadows B. , et al. , "Evaluating the Seeding Genetic Algorithm," in *Australasian Joint Conference on Artificial Intelligence*, 2013.

[36] Watson T. , and Messer P. , "Increasing Diversity in Genetic Algorithms," in *Developments in Soft Computing*, 2001.

[37] Chuang C. – Y. , and Smith S. , "Diversity Allocation for Dynamic Optimization Using the Ex-

tended Compact Genetic Algorithm," in *Congress on Evolutionary Computation*, IEEE, 2013.

［38］Hassan R. , et al. , *A Copmarison ［sic］ of Particle Swarm Optimization and the Genetic Algorithm*, 2004. Online: https://tinyurl. com/pso – vs – ga.

［39］Mehboob U. , et al. , "Genetic Algorithms in Wireless Networking: Techniques, Applications, and Issues," *Soft Computing*, 2016.

［40］Bartee J. , "Genetic Algorithms as a Tool for Phased Array Radar Design," M. S. thesis, Naval Postgraduate School, Monterey, California, 2002.

［41］Capraro C. , et al. , "Using Genetic Algorithms for Radar Waveform Selection," in *IEEE Radar Conference*, 2008.

［42］Lellouch G. , Mishra A. K. , and Inggs M. , "Design of OFDM Radar Pulses Using Genetic Algorithm Based Techniques," *IEEE Transactions on Aerospace and Electronic Systems*, Vol. 52, No. 4, 2016.

［43］Sen S. , Tang G. , and Nehorai A. , "Multiobjective Optimization of OFDM Radar Waveform for Target Detection," *IEEE Transactions on Signal Processing*, Vol. 59, No. 2, 2011.

［44］Jouny I. , "Radar Target Identification Using Genetic Algorithms," in *Automatic Target Recognition*, 1998.

［45］Smith – Martinez B. , Agah A. , and Stiles J. , "A Genetic Algorithm for Generating Radar Transmit Codes to Minimize the Target Profile Estimation Error," *Journal of Intelligent Systems*, Vol. 22, No. 4, 2013.

［46］Zhou C. , Liu F. , and Liu Q. , "An Adaptive Transmitting Scheme for Interrupted Sampling Repeater Jamming Suppression," *Sensors(Basel)*, Vol. 17, No. 11, 2017.

［47］Kirkpatrick S. , Gelatt Jr. C. , and Vecchi M. , "Optimization by Simulated Annealing," *Science*, Vol. 220, No. 4598, 1983.

［48］Boopalan N. , Ramasamy A. , and Nagi F. , "Faulty Antenna Detection in a Linear Array Using Simulated Annealing Optimization," *Indonesian Journal of Electrical Engineering and Computer Science*, Vol. 19, No. 3, 2020.

［49］Kaur K. , Rattan M. , and Patterh M. , "Optimization of Cognitive Radio System Using Simulated Annealing," *Wireless Personal Communications*, Vol. 71, 2013.

［50］White R. , "Simulated Annealing Algorithm for Radar Cross – Section Estimation and Segmentation," in *Applications of Artificial Neural Networks V*, International Society for Optics and Photonics, Vol. 2243, 1994.

［51］Liu Z. , et al. , "Error Minimizing Jammer Localization Through Smart Estimation of Ambient Noise," in *International Conference on Mobile Ad – Hoc and Sensor Systems*, 2012.

［52］Wang Y. , and Zhu S. , "Main – beam Range Deceptive Jamming Suppression with Simulated Annealing FDA – MIMO Radar," IEEE Sensors Journal, Vol. 20, No. 16, 2020.

［53］Zhao J. , Guan X. , and Li X. , "Power Allocation Based on Genetic Simulated Annealing Algorithm in Cognitive Radio Networks," Chinese Journal of Electronics, Vol. 22, No. 1, 2012.

[54] Yang G., et al., "W − Band MIMO Radar Array Optimization and Improved Back − Projection Algorithm for Far − Field Imaging," in International Conference on Infrared, Millimeter, and Terahertz Waves, 2019.

[55] Sayin A., Hoare E. G., and Antoniou M., "Design and Verification of Reduced Redundancy Ultrasonic MIMO Arrays Using Simulated Annealing & Genetic Algorithms," IEEE Sensors Journal, Vol. 20, No. 9, 2020.

[56] Liu Y., et al., "A Self − Learning Method for Cognitive Engine Based on CBR and Simulated Annealing," in Advanced Materials and Engineering Materials, Vol. 457, 2012.

[57] Rubinstein R., and Kroese D., The Cross − Entropy Method: A Unified Approach to Combinatorial Optimization, Monte − Carlo Simulation and Machine Learning, Springer, 2004.

[58] de Boer P. − T., et al., A Tutorial on the Cross − Entropy Method, 2003. http://web. mit. edu/6. 454/ www/www_fall_2003/gew/CEtutorial. pdf.

[59] Amos B., and Yarats D., "The Differentiable Cross − Entropy Method," in ICML, 2020.

[60] Joseph A., and Bhatnagar S., "Revisiting the Cross Entropy Method with Applications in Stochastic Global Optimization and Reinforcement Learning," in ICAI, 2016.

[61] Kroese D., Hui K. − P., and Nariai S., "Network Reliability Optimization via the Cross − Entropy Method," IEEE Transactions on Reliability, Vol. 56, No. 2, 2007.

[62] Heegaard P., Helvik B., and Wittner O., "The Cross Entropy Ant System for Network Path Management," Telektronikk, 2008.

[63] Bian L., "Parameters Analysis to Pattern Null Placement Based on the Cross Entropy Method," Physics Procedia, Vol. 24, No. B, 2012.

[64] Naeem M., Khwaja A. S., Anpalagan A., et al., "Green Cooperative Cognitive Radio: A Multiobjective Optimization Paradigm," IEEE Systems Journal, Vol. 10, No. 1, 2016.

[65] Minvielle P., et al., "Sparse Antenna Array Optimization with the Cross − Entropy Method," IEEE Transactions on Antennas and Propagation, Vol. 59, No. 8, 2011.

[66] Heegaard P., et al., Distributed Asynchronous Algorithm for Cross − Entropy − Based Combinatorial Optimization, 2003. Online: https://tinyurl. com/ce − ants − 2003.

[67] Helvik B., and Wittner O., "Using the Cross − Entropy Method to Guide/Govern Mobile Agent's Path Finding in Networks," in Workshop on Mobile Agents for Telecommunication Applications, 2001.

[68] Maudsley D., "A Theory of Meta − Learning and Principles of Facilitation: An Organismic Perspective," Ph. D. dissertation, University of Toronto, Ontario, Canada, 1979.

[69] Vanschoren J., "Meta − Learning," in Automated Machine Learning, Springer, 2019.

[70] Rendell L., Seshu R., and Tcheng D., "More Robust Concept Learning Using Dynamically − Variable Bias," in Workshop on Machine Learning, 1987.

［71］ Schmidhuber J. ,"Evolutionary Principles in Self – Referential Learning,"M. S. thesis,Technische Universität München,Munich,Germany,1987.

［72］ Bengio Y. , Bengio S. , and Cloutier J. , "Learning a Synaptic Learning Rule,"in IJCNN, Vol. 2,1991.

［73］ Andrychowicz M. ,et al. ,"Learning to Learn by Gradient Descent by Gradient Descent,"in NeurIPS,2016.

［74］ Rusu A. ,et al. ,"Metalearning with Latent Embedding Optimization,"in ICLR,2019.

［75］ Zintgraf,L. ,et al. ,"Fast Context Adaptation via Metalearning,"in ICLR,2019.

［76］ Chen Y. ,et al. ,"Learning to Learn Without Gradient Descent by Gradient Descent,"in ICML,Vol. 70,2017.

［77］ Li K. ,and Malik J. ,"Learning to Optimize,"in ICLR,2017.

［78］ Vilalta R. ,and Drissi Y. ,"A Perspective View and Survey of Metalearning,"*Artificial Intelligence Review*,Vol. 18,2005.

［79］ Arpaci – Dusseau R. H. ,and Arpaci – Dusseau A. C. ,*Operating systems:Three Easy Pieces*, Arpaci – Dusseau Books,LLC,2018.

［80］ Kilic S. , and Ozkan O. , "Modeling and Optimization Approaches for Satellite Broadcast Scheduling Problem,"*IEEE Transactions on Engineering Management*,2019.

［81］ Doron Rainish D. ,and Freedman A. ,*Air Interface for Low Power Operation of a Satellite Terminal*,2015. Online:https://www. satixfy. com/vlnsr – implementation – for – mobile/.

［82］ El Gamal A. ,et al. ,"Energy – Efficient Scheduling of Packet Transmissions Over Wireless Networks,"in *Computer and Communications Societies*,IEEE,Vol. 3,2002.

［83］ Dahlman E. ,Parkvall S. ,and Sköld J. ,"Chapter 11:Uplink Physical Layer Processing,"in *4G LTE/LTE – Advanced for Mobile Broadband*,Academic Press,2011.

［84］ Pattanayak P. ,and Kumar P. ,"Computationally Efficient Scheduling Schemes for Multiple Antenna Systems Using Evolutionary Algorithms and Swarm Optimization,"in *Evolutionary Computation in Scheduling*,2020.

［85］ Grilo A. ,et al. ,"Electronic Protection and Routing Optimization of MANETs Operating in an Electronic Warfare Environment,"*Ad Hoc Networks*,Vol. 5,No. 7,2007.

［86］ Kim S. ,"Adaptive MANET Multipath Routing Algorithm Based on the Simulated Annealing Approach,"*The Scientific World Journal*,2014.

［87］ Bollapragada Subrahmanya V. ,and Russell H. ,"RMTS:A Novel Approach to Transmission Scheduling in Ad Hoc Networks by Salvaging Unused Slot Transmission Assignments,"*Wireless Communications and Mobile Computing*,2018.

［88］ Amouris K. ,"Position – Based Broadcast TDMA Scheduling for Mobile Ad – Hoc Networks (MANETs)with Advantaged Nodes,"in *MILCOM*,2005.

［89］ Salih S. ,Suliman M. ,and Mohammed A. ,"A Novel Spectrum Sensing Scheduler Algorithm for Cognitive Radio Networks," in *International Conference on Computing, Electrical and Electronic Engineering*, 2013.

[90] Zhu L., et al., "The Design of Scheduling Algorithm for Cognitive Radio Networks Based on Genetic Algorithm," in *IEEE International Conference on Computational Intelligence Communication Technology*, 2015.

[91] Liang J. – C., and Chen J. – C., "Resource Allocation in Cognitive Radio Relay Networks," *Selected Areas in Communications*, Vol. 31, No. 3, 2013.

[92] Sodagari S., "Real – Time Scheduling for Cognitive Radio Networks," *Systems Journal*, Vol. 12, No. 3, 2017.

[93] Bayhan S., and Alagoz F., "Scheduling in Centralized Cognitive Radio Networks for Energy Efficiency," *Transactions on Vehicular Technology*, Vol. 62, No. 2, 2013.

[94] Zhang W., et al., "Distributed Stochastic Search and Distributed Breakout: Properties, Comparison and Applications to Constraint Optimization Problems in Sensor Networks," *Artificial Intelligence*, Vol. 161, No. 1 – 2, 2005.

[95] Ramzan M., et al., "Multiobjective optimization for Spectrum Sharing in Cognitive Radio Networks: A Review," *Pervasive and Mobile Computing*, Vol. 41, 2017.

[96] Zhang H., et al., "A Hybrid Adaptively Genetic Algorithm for Task Scheduling Problem in the Phased Array Radar," *European Journal of Operational Research*, 2019.

[97] Sahin S., and Girici T., "A Method for Optimal Scheduling of Active Electronically Scanned Array(AESA) Antennas," 2019.

[98] Li X., et al., "A Scheduling Method of Generalized Tasks for Multifunctional Radar Network," in *International Conference on Control, Automation and Information Sciences*, IEEE, 2019.

[99] Orman A., et al., "Scheduling for a Multifunction Phased Array Radar System," *European Journal of Operational Research*, Vol. 90, No. 1, 1996.

[100] Shaghaghi M., Adve R., and Ding Z., "Multifunction Cognitive Radar Task Scheduling Using Monte Carlo Tree Search and Policy Networks," *IET Radar, Sonar and Navigation*, Vol. 12, No. 12, 2018.

[101] Song H., et al., "A POMDP Approach for Scheduling the Usage of Airborne Electronic Countermeasures in Air Operations," *Aerospace Science and Technology*, Vol. 48, 2016.

[102] Vaughan I., and Clarkson L., "Optimal Periodic Sensor Scheduling in Electronic Support," in *Defence Applications of Signal Processing*, 2005.

[103] Ren Y., et al., "A Novel Cognitive Jamming Architecture for Heterogeneous Cognitive Electronic Warfare Networks," in *Information Science and Applications*, Vol. 621, Springer, 2020.

[104] Zhang Y., and Shan G., "A Risk – Based Multisensor Optimization Scheduling Method for Target Threat Assessment," *Mathematical Problems in Engineering*, 2019.

[105] Rajpathak D. , "Intelligent Scheduling—A Literature Review," Knowledge Media Institute, The Open University(United Kingdom) ,Tech. Rep. KMI – TR – 119 ,2001.

[106] Xie G. ,Li R. ,and Li K. , "Heterogeneity – Driven End – to – End Synchronized Scheduling for Precedence Constrained Tasks and Messages on Networked Embedded Systems," *Journal of Parallel and Distributed Computing* ,Vol. 83 ,2015.

[107] Balli U. ,et al. , "Utility Accrual Real – Time Scheduling Under Variable Cost Functions," *IEEE Transactions on Computers* ,Vol. 56 ,No. 3 ,2007.

[108] Orhean A. ,Pop F. ,and Raicu I. , "New Scheduling Approach Using Reinforcement Learning for Heterogeneous Distributed Systems," *Journal of Parallel and Distributed Computing* , Vol. 117 ,2018.

[109] Yang R. ,et al. , "Intelligent Resource Scheduling at Scale: A Machine Learning Perspective," in *Symposium on Service – Oriented System Engineering* ,IEEE ,2018.

[110] Ye Y. ,et al. , *A New Approach for Resource Scheduling with Deep Reinforcement Learning*, 2018. Online: https://arxiv. org/abs/1806. 08122.

[111] Mirshekarian S. ,and Sormaz D. , "Machine Learning Approaches to Learning Heuristics for Combinatorial Optimization Problems," *Procedia Manufacturing* ,Vol. 17 ,2018.

[112] Gandomi A. ,et al. (Eds.) , *Evolutionary Computation in Scheduling* ,Wiley ,2020.

[113] Barták R. ,Morris R. A. ,and Venable K. B. , "An Introduction to Constraint – Based Temporal Reasoning," *Synthesis Lectures on Artificial Intelligence and Machine Learning* ,Vol. 8 , No. 1 ,2014.

[114] Dean T. ,and Boddy M. , "An Analysis of Time – Dependent Planning," in *AAAI* ,1988.

[115] Horvitz, E. , "Reasoning About Beliefs and Actions Under Computational Resource Constraints," in *Workshop on Uncertainty in Artificial Intelligence* ,1987.

[116] Simon H. , "Rational Choice and the Structure of the Environment," *Psychological Review* , Vol. 63 ,No. 2 ,1956.

[117] Brooks R. ,Arbel T. ,and Precup D. , "Fast Image Alignment Using Anytime Algorithms," in *IJCAI* ,2007.

[118] Kim Y. ,Krainin M. ,and Lesser V. , "Application of Max – Sum Algorithm to Radar Coordination and Scheduling," in *Workshop on Distributed Constraint Reasoning* ,2010.

[119] Zilberstein S. , "Operational Rationality Through Compilation of Anytime Algorithms," Ph. D. dissertation, University of California, Berkeley, CA ,1993.

[120] Zilberstein S. , "Using Anytime Algorithms in Intelligent Systems," *AI Magazine* ,1996.

[121] Svegliato J. ,Wray K. H. ,and Zilberstein S. , "Meta – Level Control of Anytime Algorithms with Online Performance Prediction," in *IJCAI* ,2018.

[122] Gagliolo M. ,and Schmidhuber J. , "Learning Dynamic Algorithm Portfolios," *Annals of Mathematics and Artificial Intelligence* ,Vol. 47 ,2006.

［123］López – Ibáñieza M. , and Stützlea T. , "Automatically Improving the Anytime Behaviour of Optimisation Algorithms,"*European Journal of Operational Research*,Vol. 235, No. 3, 2014, Extended version at https://core. ac. uk/download/pdf/208141673. pdf.

［124］Smith S. F. , et al. , "Robust Allocation of RF Device Capacity for Distributed Spectrum Functions,"*Journal of Autonomous Agents and Multiagent Systems*,Vol. 31, No. 3, 2017.

［125］Gillen M. , et al. , "Beyond Line – of – Sight Information Dissemination for Force Protection,"in *MILCOM*,2012.

［126］Fioretto F. , Pontelli E. , and Yeoh W. , "Distributed Constraint Optimization Problems and Applications:A Survey,"*Journal of Artificial Intelligence Research*,Vol. 61, No. 1, 2018.

［127］Faltings B. , "Distributed Constraint Programming," in *Handbook of Constraint Programming*,Elsevier,2006.

［128］Shoham Y. , and Leyton – Brown K. ,*Multiagent Systems:Algorithmic, Game – Theoretic, and Logical Foundations*,Cambridge University Press,2009.

［129］Moallemi C. , and Van Roy B. , "Consensus Propagation,"*Transactions on Information Theory*,Vol. 52, No. 11, 2006.

［130］Molzahn D. , et al. , "A Survey of Distributed Optimization and Control Algorithms for Electric Power Systems,"*IEEE Transactions on Smart Grid*,Vol. 8, No. 6, 2017.

［131］Duffy K. , Bordenave C. , and Leith D. , "Decentralized Constraint Satisfaction,"*IEEE/ACM Transactions on Networking*,Vol. 21, No. 4, 2013.

［132］Di Lorenzo P. , and Barbarossa S. , "Distributed Resource Allocation in Cognitive Radio Systems Based on Social Foraging Swarms,"in *International Workshop on Signal Processing Advances in Wireless Communications*,IEEE,2010.

［133］Zhang W. , et al. , "Distributed Stochastic Search and Distributed Breakout:Properties, Comparison and Applications to Constraint Optimization Problems in Sensor Networks,"*Artificial Intelligence*,Vol. 161, No. 1, 2005.

［134］Stankovic M. , Stankovic S. , and Johansson K. , "Distributed Time Synchronization in Lossy Wireless Sensor Networks,"in *IFAC Workshop on Estimation and Control of Networked Systems*,2012.

［135］Yan H. , et al. , "Software Defined Radio Implementation of Carrier and Timing Synchronization for Distributed Arrays,"in *Aerospace Conference*,2019.

［136］Kim M. , Kim H. , and Lee S. , "A Distributed Cooperative Localization Strategy in Vehicular – to – Vehicular Networks,"*Sensors*,Vol. 20, No. 5, 2020.

［137］Wolpert D. , "The Lack of a priori Distinctions Between Learning Algorithms,"*Neural Computation*,1996.

［138］Wolpert D. , and Macready W. , "No Free Lunch Theorems for Optimization,"*Transactions on Evolutionary Computation*,Vol. 1, No. 67, 1997.

第6章

电子战作战管理

电子战作战管理系统用于制定电子战平台部署数量、各平台分配资源及其具体任务的计划。它协调电磁频谱作战各领域的活动并处理后勤等更宽泛的问题。电子战计划应针对特定的电磁环境,在满足相关策略的约束和目标的情况下,确定行动、任务和资源并评估威胁[1]。影响计划的因素包括可用资产、预期效果、平台限制(高度、范围、时间或载荷)、频率冲突消除、其他军种的电子战任务以及认证要求[2]。图6.1显示了电子战作战管理系统的一些输入和输出要素,包括预期效果、平台限制、交战规则和其他军种的电子战任务。

图6.1 电子战作战管理规划应输入任务的静态描述,输出对任务的部署。随着规划变得更加自动化,动态输入也将变得可能

美国国防部条令对电子战规划的传统方法进行了解释,指出"联合电子战是集中规划、指导和分散执行的……"[1],并且"……这种规划需要一种多学科方法,涉及地面/空中/太空作战、情报、后勤、气象和信息方面的专业知识"[2]。

自动化电子战作战管理规划系统相比于传统规划系统具有更好的交互性,可以对任务执行期间发生的事件做出响应。如第 5 章所述,自动规划活动与优化和调度重叠,并将在未来催生出完全交互式的集成系统。6.1 节介绍了基于人工智能的规划方法,讨论了不确定性、资源分配和多时间尺度等问题;6.2 节研究了用于团队协调和敌方行动推理的博弈论方法;6.3 节探讨了人机界面的相关问题,包括如何在系统内利用人类的专业知识,提炼人类可理解的优化目标以及向人类用户解释决策。

在一个完整的电子战系统中会有多个决策者。规划器可能特定于任务、用算法描述并且时空分离。这种关注点分离使系统设计大大简化。ROGUE 和战术专家任务规划器(tactical expert mission planner,TEMPLAR)是两个特定任务规划器的示例,前者有一个任务规划器和一个路线规划器[3],后者有 4 个规划器,如示例 6.1 所示。

示例 6.1　TEMPLAR 生成空中任务指令

战术专家任务规划器

战术专家任务规划器有 4 个不同的规划模块。

综合规划器:在目标规划工作表上生成任务线。

流量规划器:为近距离空中支援(close air support,CAS)和防御性反空袭(defensive counter air,DCA)任务在单元调度表上生成任务线。

空中加油规划器:在加油计划工作表上生成任务线。

任务线规划器:需要填写现有任务线的任务编号、呼号、SIF 代码和其他信息。

——Siska、Press 和 Lipinski[4]

6.1　规　　划

与优化或调度相比,规划考虑的范围更广,时间跨度更长。规划在更长的时间范围内评估动作,并处理更广泛的资产和资源类型。哈勃太空望远镜由 20 世纪 90 年代初期构建的规划和调度系统自动控制,该系统注重规划器和调度器间的紧密耦合(示例 6.2)。

> **示例 6.2　人工智能规划器和调度器控制哈勃太空望远镜执行天文任务**
>
> 　　哈勃太空望远镜是最早部署的大规模自动化规划和调度系统之一[5-6]。启发式调度测试系统 (heuristic scheduling testbed system,HSTS)基于目标扩展即规划和资源分配即调度制订观测计划。天文学家制订了具有时间约束的观测计划,规定了使用 6 种科学仪器之一从天体收集光线的具体方法。最终的计划必须能够完成多个天文学家的任务。在规划器中使用多抽象层支持对组合问题进行管理,其中抽象层管理望远镜可用性、时间重配置和目标可见性,而细节层管理具体的曝光安排。

　　规划专注于通过因果推理寻找实现目标所需的动作序列。规划通常是动作的偏序集,不指定资源或时间表,调度为规划分配时间和资源。图 6.2 显示了不同问题域在选择规划方法需要考虑的因素。

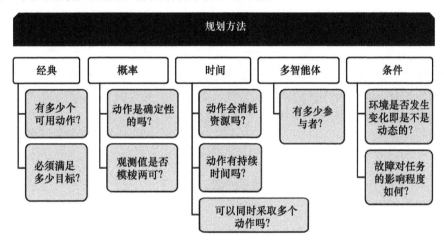

图 6.2　不同的问题域需要在规划方法中考虑不同的因素
（这些因素并非是相互排斥的）

　　经典规划将当前态势即初始状态描述、动作集合和目标描述作为输入,输出从当前态势到实现目标的动作序列。概率规划处理不确定性环境和部分可观测环境。时间规划处理持续时间长或者并发的动作。时间规划技术通常处理资源利用,因为资源的利用在本质上通常具有时态属性,如一个资源一次最多只能由一个动作使用。条件规划或应急规划生成具有条件分支的规划,即根据对环境的感知选择动作的应急计划,而不是生成动作序列,如图 6.3 所示。失败对任务影响越大,就越需要提前为突发事件做好准备[7]。

　　文献[8-10]是关于规划的图书。Benaskeur 等[7]研究了适用于海军交战情景的不同规划方法。国际规划竞赛(international planning competition,IPC)[11]自 1998 年创办以来,大约每两年举办一次,为不同类型的规划器举办关于实际问题的比赛,如基于卫星的地球观测、野生动物偷猎监测和数据网络任务调度。值得注意的是,这些规划器的源代码是公开的。Yuen[12]给出了一张图表,展示了IPC的历史演变以及针对不同类型问题要考虑的重要权衡,并介绍了一个详细的网络红队测试用例。

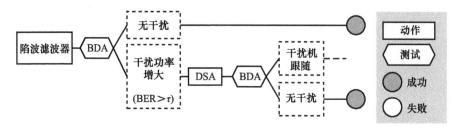

图6.3 应急计划根据预期结果生成具有条件分支的动作。在简单的情况下,
如音频干扰器的使用计划(表5.1),它们看起来像决策树或规则系统

搜索和规划算法的效果是根据完整性、最优性、时间复杂性和空间复杂性来判断的[8]。本节介绍了以审慎的方式在解空间中搜索的算法。5.1.2节介绍了随机搜索算法,并使用相同的标准评估其对电子战的适用性。

6.1.1 规划的基础:问题定义和搜索

可以使用以下组件正式定义规划问题。

(1)初始状态,$s_0 \in S$。

(2)可能的动作集合,A。

(3)每个动作做什么的描述,作为返回状态 $s' \in S$ 的函数,该状态是在状态 s 中执行动作 a 的结果,$\rho : (s, a) \to s'$。

(4)目标状态,$s_g \in S$。

(5)为状态之间的每个步骤分配代价的代价函数,$c(s, a, s')$。

规划问题 P 的一个解是从 s_0 中找到动作序列 $\pi = (a_1, a_2, \cdots, a_n)$,从而产生一系列状态 $(s_1, s_2, \cdots, s_g)$。最优解具有从 s_0 到 s_g 的最低代价路径。

经典规划领域通常用规划领域定义语言(planning domain definition language,PDDL)[13]来表示。规划领域定义语言的语法对规划领域中的状态、动作和复合动作进行编码。状态表示为联合断言 predicate(arg1, $\cdots$, argN),如 s = in(pilot, airplane) AND has fuel(airplane)。动作具有先决条件和效果,即动作 a 仅在其先决条件 $p_i \in s$ 为真时才适用于状态 s。规划领域定义语言的几个变体表示了不同特点和复杂性的规划问题,包括约束、条件效果、数字和时间特征以及动作代价。

搜索算法通过创建以初始状态为根的搜索树来寻找动作序列。每个分支步骤通过应用合法动作来扩展当前状态,从而生成新状态。例如,在网格世界中移动的简单机器人可以移动到任何相邻的网格中,从而产生4种可能的未来状态。在平面上移动的机器人具有未来状态的二维无限空间,而空中无人机具有三维无限空间。连续值可以离散化,也可以用均值和方差等统计数据表示。剪枝步骤用于消除非法或重复状态,以减少搜索工作量。

无信息算法在没有领域知识指导的情况下构建搜索树、扩展节点直到其达到目标。常见的策略包括广度优先搜索、深度优先搜索、迭代深化和双向搜索。鉴于电子战的复杂性,领域知识对于找到解至关重要,我们在此不对该领域的无信息搜索算法做更详细的介绍。

有信息搜索策略使用启发法来指导搜索,从而使搜索更高效[14]。启发式规则可以由专家制定,也可以由机器学习算法根据经验数据创建。最著名的启发式算法之一是 A^*,它是一种最佳优先搜索方法,能够以估计的最低代价路径扩展节点 n,即 $g(n) + h(n)$,其中 $g(n)$ 是从初始状态 s_0 到 n 的代价,$h(n)$ 是从 n 到目标状态 s_g 的估计代价。

几乎每个成功的现实领域规划系统都使用领域专用的启发法。

5.1.2 节介绍的随机元启发式搜索算法是在复杂空间中寻找解的一种方法,5.2 节中的许多调度器也使用启发法。通常,每个可能的计划都被编码为可以由随机搜索算法进行操控的动作序列。例如,计划被编码成遗传算法[15-16]的染色体。在基于蚁群优化算法[17]的火灾逃生路线规划中用图形代表路线中的危险。

6.1.2 分层任务网络

分层任务网络(hierarchical task network,HTN)规划体现了不同的规划视角[10,18-20]。分层任务网络不是通过改变情景模型的状态来搜索目标,而是由一组要完成的抽象任务以及一组用于每个任务的具体方法,这些方法代表了这些任务的不同执行方式组成。动作之间的依赖关系用分层结构网络表示。

分层任务网络规划器在不断提高的抽象层次上制订计划。它是实际应用中使用最广泛的规划形式,原因有二。首先,它们可以有效地管理计算复杂性;其次,它们与人类思考问题的方式天然一致,这一特性意味着人们可以更容易地描述任务之间的关系,并且用户界面直观地呈现了任务进展。

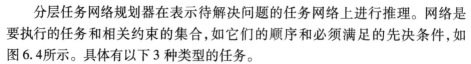

分层任务网络规划器在表示待解决问题的任务网络上进行推理。网络是要执行的任务和相关约束的集合,如它们的顺序和必须满足的先决条件,如图6.4所示。具体有以下3种类型的任务。

(1)目标任务:描述期望的最终状态。

(2)原始任务:即可以在状态下直接执行的动作,具有相关的先决条件和预期效果。

(3)复合任务:表示如何使用原始任务实现目标的任务。可以将复合任务分解为偏序子任务,子任务可以是原始任务或复合任务。

因此,分层任务网络问题的解是可执行的原始任务序列,可以通过将复合任务分解为更简单的任务集合并插入排序约束,从初始任务网络中获得这些原始任务。

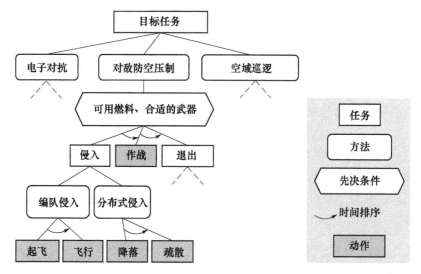

图6.4 分层任务网络包含任务、任务的先决条件和相关约束(如排序)。目标任务包含电子对抗、对敌防空压制(suppression of enemy air defense,SEAD)和空域巡逻3个可能独立的子任务。对敌防空压制可分解为3个有序的任务:侵入、作战和退出[21]

分层任务网络规划器已用于多个领域[20],包括医学、生产规划、后勤、危机管理、空战规划、无人作战机器人编队[21]、海军指挥与控制[22]和航母调度[23]。示例6.3给出了一个更详细的联盟作战规划示例。分层任务网络规划器由于在任务网络内编码领域知识,可以解决更大规模的规划问题,并且比领域知识无关的规划器更快。

示例6.3 行动过程显示和评估工具(course-of-action display and evaluation tool, CADET)将分层任务网络规划与调度相结合,以创建联盟作战计划

　　行动过程显示和评估工具在联盟环境中对军事规划人员提供协助[24-26]。它是一种基于知识的工具,能够自动或在人工指导下生成具有真实细节和复杂性的作战计划,已与美国国防部高级研究计划局(DARPA)和美国陆军的多个作战管理系统集成在一起[25]。

　　规划人员定义战术行动方案(course of action, COA)的关键目标,行动过程显示和评估工具将其扩展为详细的作战计划/时间表。行动过程显示和评估工具包括用于交叉规划、调度、路由、损耗和资源消耗的技术,对资产和任务进行建模、处理对抗性环境、协调团队工作并支持自主行动。

　　作者指出,"规划和调度的集成是通过紧密交错的增量规划与调度算法实现的。针对需要按层分解的计划,通过将领域专用的'扩展'规则应用于当前状态下的活动,按照类似分层任务网络的规划步骤生成一组增量任务。调度步骤沿着分层结构中的横向和纵向传播时间约束,将新添加的活动安排到可用资源和时间段中"[25]。

　　分层任务网络可以转换为其他规划形式以提高其性能,如规划领域定义语言[27]、马尔可夫决策过程[28]和时间规划器[29]。通过这种方式,不依赖领域知识的规划器可以利用分层任务网络中嵌入的领域知识。因为领域知识对于解决复杂领域中的大规模问题至关重要。

6.1.3　行动不确定性

　　在动作具有不确定性结果的领域中有条件规划[30-31]、图规划[32]、随机满意度[33-34]、一阶决策图[35]和马尔可夫决策过程等几种规划方法。由于马尔可夫决策过程类方法是其中应用最广泛的,因此本节重点介绍它们。6.1.4节讨论了信息不确定性的问题。

　　马尔可夫决策过程是在不确定性下建模和指导序列化决策的框架[8,36-37]。马尔可夫模型描述了在有限状态集之间进行概率转换的系统。当领域仅部分可观测时,规划问题相当于部分可观测马尔可夫决策过程。

　　马尔可夫决策过程使用转移概率 $P(s'|s,a)$ 拓展了6.1.1节的问题定义,该转移概率表示在状态 $s \in S$ 中执行动作 $a \in A$ 时到达状态 $s' \in S$ 的概率,R 表示获得的奖励。如果可以从电子支援获得对手行为模型,那么可以将其纳入转移函数中,以反映威胁状态(是每个 $s_i \in S$ 的一部分),同时受到友军和敌军动作的影响。

　　策略 π 指定了智能体在每个状态下应该做什么,$\pi(s)$ 是 π 为状态 s 推荐的动作。在静态策略中,一旦找到策略,每个状态的动作都是固定的;在动态策略中,策略随时间而变化,即动作取决于历史。

由于环境是随机的,策略的质量是通过多次执行策略的期望效用来衡量的。最优策略 π^* 是产生最高期望效用的策略。规划问题的目标是找到一个足够好的或最优的策略。值迭代和策略迭代是两种能够在有限次迭代后返回静态最优策略的标准算法[38]。

马尔可夫决策过程最常见的效用函数是折扣奖励,其中状态序列的效用值随着时间的推移而降低,下降的系数为 $\gamma \in [0,1]$。从状态 s_0 开始的策略 π 的期望效用为

$$U^\pi(s_0) = E\left[\sum_{i=0}^{\infty} \gamma^i R(s_i, a_i)\right]$$

式中: $a_i = \pi(s_i)$。 $\pi^*(s_i)$ 是使后续状态 s_{i+1} 的期望效用最大化的动作。

可能适合任务的动作选择函数包括以下几种。

(1)极大值:选择具有最大期望奖励的动作(乐观;有风险)。

(2)最大似然:通过将结果概率与期望奖励相结合,选择具有最大期望值的动作。

(3)最大最小:选择最小值中最大值的动作(悲观;风险规避)。

(4)最小最大后悔:选择使最坏情况下的后悔值最小的动作,这是做出错误决策的机会损失(风险规避)。

近似最优反馈选择每个状态下的奖励最大化动作,忽略任何可能的未来奖励,即 $\gamma = 0$。

基于马尔可夫决策过程的规划在计算上非常低效[38-40],但马尔可夫决策过程是制定概率规划最广泛使用的框架。因此,许多研究集中于如何提高马尔可夫决策过程的规划性能[28,41-47]。

分散式部分可观测马尔可夫决策过程是一组协调节点的通解[48],但它是NEXP完全的[49],并且在最坏的情况下可能需要双指数时间来解决。此外,节点 n 的状态和动作包括来自节点 n' 的知识和动作。在实践中,节点利用启发法或问题结构来减小问题的规模。例如,假设交互是局域性的,节点只需要与其他节点的有限子集协调,不需要知道所有其他节点的各个细节[48,50-51]。

部分可观测马尔可夫决策过程也是强化学习中最常用的方法(第7章),其中强化学习技术学习模型的概率和/或奖励。强化学习与马尔可夫决策过程有以下三个关键区别。

(1)马尔可夫决策过程是指定策略的模型,而强化学习采取动作更新策略。

(2)在马尔可夫决策过程规划中,规划器必须决定何时终止规划,而强化学习到任务结束才终止[42]。

(3)其他机器学习模型可用于强化学习。

6.1.4 信息不确定性

在复杂的环境中,信息很少是完全确知的。决策算法必须考虑并给出指引决策的信息中的不确定性。有了这些信息,规划器可以使用主动感知和通信来提高信息质量或确定性。管理信息不确定性的方法包括以下几种。

(1)D-S证据理论,测算对某事实的信任度及某证据支持一个命题的概率[52-53]。

(2)模糊逻辑,表示事实的真值[54]。

(3)论证,明确地构建了证据和结论的连接关系,使人们能够直接推理这些关系[55],如解决冲突信息或允许规划器对因果关系进行推理[56]。

这些方法支持对信息效用的评估。

信息效用使人们能够就是否、何时、与谁以及交流或感知什么进行深入考虑。

表6.1总结了这些主动感知/通信动作。真实性和可信性的概念密切相关(8.1.3节),数据融合也是如此(4.3节)。表6.2给出了系统根据所需信息可采取的一些主动感知动作。在执行主动感知动作后,执行监视器必须确定影响是环境固有的还是由感知行为导致的。

表 6.1 主动感知/通信动作

因素	主动感知	有意通信
为什么	提高信息质量	提高信息质量
谁	协同感知	与谁沟通
什么	收集什么	传输什么;抽象层
哪里	空间和频谱	地理分布
何时	感知调度	信息的关键性
如何	使用什么传感器	隐式或显式交互

表 6.2 感知动作可获取环境中未知辐射源的信息

领域	所需信息	主动感知动作
雷达	雷达数量 雷达的位置	产生虚假目标 盲点定向探头
	最大检测范围 灵敏度 重力限制	向着目标前进 信号放大、脉冲重复间隔和多普勒 提高重放速率

续表

领域	所需信息	主动感知动作
通信	节点响应时间 网络恢复时间 网络恢复方法	外科手术式数据包干扰 自溃触发攻击 恢复期间的分段攻击
	关键网络节点	孤立节点
通信和雷达	电子支援识别能力 电子防护方法 电子进攻敏捷性和精确度	蜜罐序列 伪装签名

另外,通信可以是跨平台间的,也可以是平台内的,即在单个平台上的多个决策者之间。本节侧重于平台间通信,但类似的推理方法适用于更简单的平台内通信问题。

当时间和带宽可用时,节点可以交换观测值和决策,以改进或重新校准它们对态势的理解。数据融合解决了态势模糊性的问题,减少了模型中的不确定性,并且可以加快识别先前未知的威胁。例如,一组节点可以融合各自通过短暂观测信息获得的威胁估计。图 6.5 说明了通信对综合防空系统(integrated air defense system,IADS)任务规划的潜在影响。随着通信变得更加便利,更多的低级威胁可以被消除。

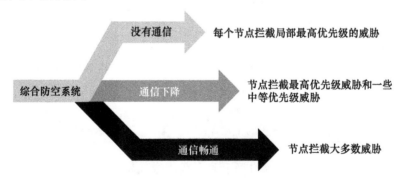

图 6.5　任务的完成取决于用于协调的通信情况

在有限通信条件下执行分布式优化时,传统方法假设通信是安全和畅通的。而在电子战中,由于受到干扰、设备移动造成中断或决定减少射频辐射,通信受到限制或被拒止,传统方法所依据的假设条件就变得不成立。对于通信时机的选择可以达到近似最优的结果[57-61]。系统可以基于对通信或感知收益的定量估计来最小化通信的操作和计算代价。决策的选择和权衡包括以下几点。

（1）信息类型：令人感到意外的结果；失败则遭受重大惩罚的结果；关键的协调；模棱两可或相互矛盾的观测值；不确定变量、预测或推理；不熟悉的概念；假设（假设验证）。

（2）和谁一起：协调行动中的节点；具有时间依赖的节点；附近的节点。

（3）抽象层次：取决于任务的不同的状态和动作抽象。

（4）代价：能量；暴露；拥塞；协调工作；错误成本。

节点通信的详细程度决定了它们在需要时可以达到的协调水平以及执行的协调种类。它还影响解决问题的代价。即使在可以进行即时和无通信代价的环境中，向全部节点广播所有信息也是不可能的[48]。通信语言越丰富，其包含的信息量越大，如包含当前状态更详细的描述[62]，可以更好地协调决策，但会导致更大的问题规模。使用一些较简单的通信语言，节点可以通过具有非局部效应的动作交换承诺[63]。使用最简单的通信语言，节点甚至仅需要发出非局部效应动作完成的信号，但是为了使该信息具有大的信息量，接收者需要了解发送者完成该动作的意图。

节点还可以使用隐式通信来发送信息。该方法假设其他节点可以观察动作或状态变化，并推断发生了什么，而无须显式交互。它与 5.4 节的分散式协调方法相似。

本体是一种表示信息的方式（8.1.2 节），可与规划器通信语言联合使用。

6.1.5　时间规划和资源管理

交战需要了解和协调包括通信在内的共享资源。节点是异构的，资源是有限的且不可再生，也存在分布式任务的协调问题。在规划中同时考虑资源管理问题，能够确保同时实现资源优化利用和电子战策略选择。忽略资源管理问题可能会导致创建的计划无法实现或需要基于执行监控（7.1 节）进行更新。规划器必须在依赖资源的时间范围内，根据任务模型充分利用资源应对当前和预期的威胁。因为资源利用在本质上具有时间属性，所以时间规划和资源规划是紧密耦合的。如果动作需要相同资源产生冲突时，必须限制动作的时间重叠。

认知雷达的关键是必须满足硬件、平台或环境产生的各种约束。实际上，约束往往是相互矛盾的。雷达系统工程包括通过匹配系统的不同硬件和软件以折中地满足约束要求。

——R. Klemm 等[64]

考虑一组异构节点。机载系统必须与地面电子战系统共同承担任务。如何将任务分配给合适的系统取决于可用资源(如发射功率、频带、距离、视角和到达目标的时间)和关于友军方面的考虑(如最小化误伤)。例如,虽然地面系统可能有更长的停留时间,但它们的作用距离也更有限,更容易受到攻击。规划器必须确保在分配任务时有效地考虑这些权衡。

资源管理确保资源使用合理,既可以在单个节点上局部使用,也可以根据需要对节点组合的资源利用进行协调。规划器通过以下 3 个方面的工作来实现资源管理:

(1)跟踪当前和预期的资源使用信息。

(2)确定应与其他节点共享哪些资源使用信息。

(3)高效及时地共享该信息。

资源具有相关的容量,可以是定性值(如可用/不可用)或跟踪消耗的定量值。消耗性资源既可以是可再生的也可以是一次性的,既可以由多个任务共享也可以专用于一项任务。

将资源消耗纳入规划器,可以确保在满足长期分布式资源约束的同时,针对威胁条件做出有效决策。资源约束已成功纳入单个[65]和多个[66]决策者的决策论模型中。

博弈论方法也与时间规划与资源管理相关(6.2 节),如用于寻找公平的资源分配方案。文献[7,67-69]和第 5 章提出的多种优化和调度方法也可以完成这项任务。多臂赌博机(7.3.4 节)也很有用。

不同的资源建模方法对资源管理有不同的影响。通过增加奖励 R 或状态描述 s 扩展了 6.1.3 节的定义。表 6.3 概述了以下选项:

表 6.3　资源建模的不同方法

网络范围	时间范围	方法
局部	即时	考虑动作的资源利用: $$R_n(s_n, a_n) = R_n(s_n, a_n) - \sum_{k=1}^{K} c_k \times \text{needs}(a_n, k)$$
局部	长期	反映状态中的局部资源: $$\bar{s}_n = \langle s_n, q_1, \cdots, q_r \rangle \quad \bar{P}_n(\bar{s}'_n \mid \bar{s}_n, a_n)$$
全局	长期	反映状态中的共享资源: $$\bar{P}_n(\bar{s}'_n \mid \bar{s}_n, a_n)$$

注:s_n 为节点 n 的状态;$\bar{s}_n$ 为节点 n 的增强状态;a_n 为节点 n 的动作;c_k 为资源 k 的代价;$\text{needs}(a_n, k)$ 为动作 a_n 需要资源 k;K 为资源的数量。

（1）通过代价管理局部资源消耗。最简单的方法是将局部资源消耗直接纳入奖励函数，从而实现领域奖励和资源利用的同步优化。

（2）将局部资源的层次嵌入状态。通过使用丰富的表达式将资源配置合并到状态中，规划器能够对动作的长期累积资源效应进行推理。必须管理消耗性资源，如燃料或可用诱饵的数量，以便在其对任务最有效时使用它们。$\bar{s}_n = \langle s_n, q_1, \cdots, q_k \rangle$ 是节点 n 的增强状态，其中 s_n 是原始状态，q_k 是资源 k 的可用剩余量。转移函数 P 在增强状态下运行。结果函数 $\bar{P}_n(\bar{s}'_n | \bar{s}_n, a_n)$ 确保与动作资源消耗一致的转换，即

$$\bar{P}_n(\bar{s}'_n | \bar{s}_n, a_n) = \begin{cases} 0, & \exists k \text{ 使得 } \bar{s}_n q_k - \text{needs}(a_n, k) \neq \bar{s}'_n q_k \\ P_n(\bar{s}'_n | s_n, a_n), & \text{其他} \end{cases}$$

（3）将共享资源的层次嵌入状态。由于共享资源并不完全在节点的控制之下，因此需要协调其在节点间的使用。当节点之间进行协调时，它们可以使用共享资源交换包括概率在内的抽象信息。因此，$\bar{P}_n$ 代表了另一个节点采取影响共享资源的动作。例如，考虑两个节点能够在信号发射期间调整它们的功率等级，使它们的组合信噪比在目标处达到所需的水平。友军或敌军节点需要随着移动改变其功率级。

规划器使用这种统一的决策和资源管理方法可以同时考虑资源影响和攻击效能。规划器还可以评估动作对即时、近期和长期任务目标的影响。

6.1.6　多时间尺度

如何处理不同时间尺度上的决策是系统设计时需要解决的问题之一。决策可能有不同的提前时间，动作可能有不同的持续时间，指标在测量之前可能有不同的延迟。不同的时间尺度驱动不同的架构选择，如图6.6所示。无论是

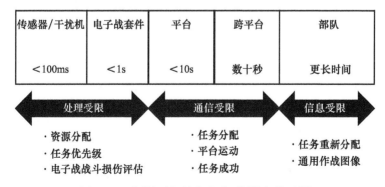

图6.6　不同的时间尺度驱动不同的架构选择

在平台内部还是跨平台,优先任务往往存在冲突,并且底层的架构选择限制了高层的功能。

最有效的方法是对规划器完全解耦,如让第一个规划器以天为单位运行,第二个规划器以分钟为单位运行,第三个规划器以毫秒为单位运行。每一时间抽象层都对下面的层施加了限制。这种方法易于设计、实现和测试,并且支持对不同时间尺度的具体推理。

在单规划器方法中抽象推理可能是有益的,能够提高每次迭代的分辨率。这种方法虽然比解耦规划器更难设计,因为所有依赖关系都是显式的,所以可以得到更好的解。

6.2　博弈论

博弈论是一组用于对多个实体之间的战略性复杂交互进行建模的分析工具。博弈论支持不确定环境中的决策,其中动作结果的不确定性取决于其他参与方的反应[70-71]。

博弈论既表征合作又表征竞争。它对于合作团队、资源分配和对抗性环境都是有效的。合作博弈允许个体在选择动作之前达成协议;而非合作博弈则模拟自私但理性的个体。

在团队协助情景中,博弈论用于应对分散式自组织网络。在这种网络中个体具有自身的利益,但必须合作以最大限度地提高性能[72-74]。合作个体利益可扩展到分布式资源的使用问题。博弈论已应用于射频领域的功率控制、准入控制和网络管理[68,73-76]。

博弈论是应对对抗或竞争情形的有效方法,是安全设置、建模、攻防(如网络安全[77-79]和电子战抗干扰[80-87])的常用方法。Sundaram 等[88]研究了采取电子防护动作的代价情况,Blum[89]研究了欺骗等电子对抗措施。混合策略博弈论决策可视为掷有偏骰子,传统上决策者选择单一最优动作,而在对抗性博弈中决策者根据概率选择半随机动作,该概率是直接效用和对手可能反应的函数。随机性的存在使得对手更难预测动作。

要将博弈论纳入电子战决策者,必须应对两个重大挑战:一是对手目标的可信度;二是计算代价。

在对抗性环境中,该方法依赖于对手效用的估计。零和博弈假设每个参与者的损失和收益与其他参与者的损失或收益完全平衡,即所有参与者的总损失与收益总和为零。零和博弈可以用线性规划来解决。电子战通常假设友军失败时敌军获胜,这种假设可能不正确。此外,在一个维度上是零和博弈在另一个维度上可能不是零和,这增加了决策问题的复杂性。

算法博弈论研究博弈论的计算方面,侧重于寻找有合理的计算复杂性的解。一般来说,利用博弈论求解是困难的,尽管可以构建近似解或问题特定的解。

6.3　人机界面

成功的人机界面设计需要满足直观、灵活、可扩展和高响应等要求。人机界面系统的主要目标包括:①提高操作性能;②提高整体效能;③减轻飞行员/驾驶员、电子战军官和任务规划人员的任务负担。

系统应提供一套功能全面且直观的显示器和控制装置,以便操作员及时与电子战系统功能和数据进行交互。优秀的人机界面设计对于持续获得良好的态势感知结果至关重要。

通常,人机界面将人的动作转换为机器指令,然后将机器的探测数据转换为人可识别的信息,如图 6.7 所示。在传统的人机界面中这些转换是静态的,不会因人、机器或环境的状态而改变。

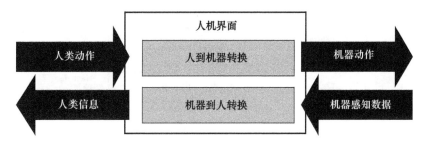

图 6.7　人机界面在人和机器之间进行信息转换(改编自文献[90])

人机协作(human – machine teaming,HMT)弥补了这一差距,转换过程不再是静态的,而是可以使用智能体和机器学习。人机协作研究的是人和机器之间的一种超出了单纯操作或监督的关系[90-91]。这一不断发展的学科旨在设计由人和自动化系统组成的互补行动小组[92-93]。人机协作框架应围绕以下 4 个主题来设计人工智能系统[94]:

(1)对人类负责;

(2)对投机风险和收益的认知;

(3)尊重和安全;

(4)诚实和可用性。

此外,人和机器之间的相互关系将面临以下5个主要方面的技术挑战[95]。

(1)人类状态感知和评估:表现、行为和生理因素;

(2)人机交互:人机交流与信息共享;

(3)任务和认知建模:通过任务和功能分配建立工作负载和决策平衡;

(4)人和机器学习:人机自适应学习和扩展互训;

(5)数据融合和理解:整合人机数据,以生成共享世界模型。

电子战作战管理系统对部署多少平台、每个平台获得哪些资源以及它们部署于何处进行规划。为了实现所有这些目标,电子战作战管理系统可以从多个人机协作赋能的人机界面中受益,并且可能需要与图 1.4 中描述的电子战作战管理系统的每个模块建立交互点。拥有一个为整个电子战作战管理系统提供端到端能力的全局性人机界面也是有益的。必须提高每个基于人机协作的人机界面的可信度。图 6.8 描绘了认知电子战系统电子战作战管理组件的潜在人机界面交互点。任务开始前,规划人员、电子战军官和系统设计人员在所有点与系统进行交互。系统必须接受他们的命令和输入,跟踪他们的任务,了解他们的偏好,并解释自己的决定。

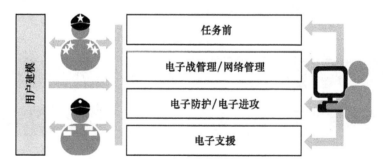

图 6.8 认识电子战系统电子作战管理组件的潜在人机界面交互点

这些交互点因认知电子战系统参与者而异。下面重点介绍每类利益相关者关心的交互点。

尽管系统设计人员是人机团队的关键成员,对系统的工作方式影响最大,但常常被忽略。利用人类专业知识提高人工智能组件的性能,可以更好地支持电子战军官和电子战任务。规划系统本身就利用了人类的专业知识,如 6.1.2 节在分层任务网络规划器中展示了引入领域知识的效果。Haigh 等[96]将射频中的混合机器学习模型作为神经符号人工智能方法的一个示例进行讨论,该方法试图将数字方法(如神经网络)与符号方法(人类可以理解的概念)相结合[97-98]。设计人员可以提供以下信息：

（1）关于任务类型、用户和平台的假设。

（2）表示的概念，如通过本体（参见6.1.4节）。

（3）系统可观测量、可控量和指标的选择。

（4）电子支援的抽象特征构建（如跨层交互或地形对信号传播的影响）。Haigh 等[96]使用到近邻的距离来引导对移动自组织网络吞吐量的粗略估计。

（5）状态空间约简和优化的指导，如相关或关键参数、当前操作空间和约束。

（6）学习模型的类型，如利用决策树与深度网络作为解释结果的函数[99]。

（7）学习模型针对数据类型、推理、速度或准确性要求所做的调整，如更改模型的形式。

（8）用启发式搜索减少搜索工作量。专家和离线模拟可以创建适用于决策者语言表达的指南和规则。例如，Mitola[100]建立了无线电知识表示语言（radio knowledge representation language，RKRL），而策略描述语言则用于管理无线电网络中的频谱共享[101]。

指挥官控制和指导任务中的所有参与者，系统必须体现他们的目标和意图。指挥官意图（commander's intent，CI）作为整个电子战任务团队的一个关键概念，反映了可接受风险、可能方法和成功条件等内容。人类参与者和由机器生成的决策支持需要具有交流与解释指挥官意图的能力[102-103]。Gustavsson 等[102]给出了一种将指挥官意图与效果联系起来的模型，支持传统的军事规划和基于效果的作战。

效用反映目标的实现程度。Roth 等[104]将高层效用分解为系统需要运行的低层规范。Haigh 等[105]研究了服务于人类专家的基于策略的方法以及将其转化为可执行、具有实际操作意义的目标函数的途径。令人满意的目标函数必须具备以下特点：

（1）具有实际操作意义；

（2）足够灵活；

（3）易于修改；

（4）在实践中可执行和优化。

任务规划人员和电子战军官进行预先规划和实时交互，他们必须能够指导和控制自动化系统并理解所有反馈。任务规划人员的电子战资源包括情报和作战数据库、（自动）规划器、空间和传播建模工具以及人类专家（在无法立即获得所需信息时的后方支援）[1]（图6.9）。

| 情报和作战数据库 | (自动)规划器 | 空间和传播建模工具 | 人类专家 |

图6.9　各种决策辅助工具可以帮助电子战规划人员

　　混合交互规划是一种交互式制订计划的方法,如自动规划器提出需要权衡的因素,规划人员从选项中进行选择[4,22,106-107]。论证是向人类展示相互冲突概念的一种自然方式,显示了观测值是真实的或虚假的、决策是正确的或错误(包括欺骗)的理由[56,108-109]。战术手册界面允许用户调用"play",然后根据情况对其进行调整[110-111]。受体育战术手册的影响,战术手册假设每个交战参与者都知道一场交战的情景,并且交战方为每场交战做了充分准备。共享任务模型提供了一种关于计划、目标、方法和资源使用的人-自动化系统通信方式。雷声公司的电子战规划和管理工具(EW planning and management tool,EWPMT)使用了战术手册界面(示例6.4)。战术手册界面还有一个好处,它能够自然地映射到分层任务网络规划(6.1.2节)。Goldman等[21]建立了一个带有战术手册界面的混合交互规划系统,用于生成、检查和修改异构无人机编队的计划。另外,可变自主性的概念允许人类用户授予平台不同级别的自主性[115]。

示例6.4　雷声公司的电子战规划和管理工具使用"play"与电子战人员交互。

　　雷声公司的电子战规划和管理工具有助于帮助指挥官规划、协调和同步电子战、频谱管理和网络作战[112-114]。自2014年以来,电子战规划和管理工具一直是美国陆军不断推进的项目。

　　电子战规划和管理工具提供电子战任务规划、电子战目标选择和仿真功能,以支持战术行动方案开发。它制定了电子战战斗序列,消除了电子战和通信的资源冲突并对电磁作战环境进行可视化[113]。电子战规划和管理工具实时接收来自传感器的数据并提供自动化分析。它支持用户轻松识别和定位新威胁并共享该信息[112]。

　　自动"play"在满足某些条件时启用自动动作,有助于减轻战场上电子战的认知负担,如当感知系统检测到工作在特定频率的传感器时关闭该传感器[112]。

　　除了这些规划和控制方法,人类还可以通过多种方式支持电子支援,包括标记未知信号或提供地形、天气或威胁等环境条件方面的人力情报证据。

　　人机协作中另一个未被充分认识的概念是机器理解人类用户。偏好学习捕获难以明确表述的用户偏好[116]。偏好学习方法可以学习效用函数(学习一个能说明为什么a比b好的函数),或者偏好关系(选项之间的偏序图)。偏好学习可以采取显式或隐式反馈[117]。Bantouna等[118]使用贝叶斯统计来了解用户对服务质量的偏好。意图识别(4.6节)尝试了解用户试图实现的目标,该信息可用于预测用户需求和显示定制。

认知电子战系统设计人员/开发人员希望实施敏捷软件开发方法,其原则也适用于硬件。在敏捷软件开发方法中,人们创建用户故事以最大限度地反映每个用户的需求和期望的功能。用户故事的目的是从用户的角度描述系统功能如何为各种利益相关者提供价值[119]。在人机界面环境中,这些用户故事应该包含每个最终用户的所有必要界面/交互点。用户故事是从最终用户的角度编写的对系统功能的非正式描述,可以如下列语句一样简单[120]:

作为[某个类型的用户],我希望[目标],这样[原因]。

用户故事不是系统需求,而是一种确保这些不同需求"不会在转换中丢失"的方法。

敏捷软件开发的一个关键是以人为本,用户故事将最终用户置于对话的中心。这些故事使用非技术性语言为开发团队及其工作提供情景参考。在阅读了用户故事之后,团队知道他们开发软件的原因、开发的内容以及软件所创造的价值[119]。

认知电子战系统的最高层次用户是系统设计人员、指挥官、任务规划人员、电子战军官、机器或智能体。敏捷方法支持良好的人为因素设计,从一开始就定期了解利益相关者的需求或关切点。MITRE 的人机协作工程指南提出了该过程的可行方法[91]。

6.4 小　　结

自动电子战作战管理规划系统必须在电子战规划的所有阶段(长期规划、中期规划和实时任务管理)对规划人员提供支持。多个紧密耦合的决策者可以处理不同的问题。

分层任务网络规划器用在复杂领域,支持分层任务网络所需的透明度、可解释性和控制。任务中重规划(7.2 节)确保计划在任务目标出现意外和变化的情况下仍然可行。

规划器必须解决动作和信息的不确定性,管理时序和资源约束并确定与团队成员沟通的内容和时间。领域特定的启发法和元学习(5.1.3 节)有助于改进搜索过程。博弈论方法可为管理团队协作与对抗对手提供帮助。

参考文献

[1] Chairman of the Joint Chiefs of Staff, *Joint publication 3 – 13. 1: Electronic warfare*, 2012. Online: https://fas. org/irp/doddir/dod/jp3 – 13 – 1. pdf.

[2] US Air Force, *Air Force Operational Doctrine: Electronic Warfare*, Document 2 – 5. 1, 2002. Online: https://tinyurl. com/af – ew – 2002 – pdf.

[3] Haigh K. Z., and Veloso M., "Planning, Execution and Learning in a Robotic Agent," in *AIPS*, Summary of Haigh's Ph. D. thesis, 1998.

[4] Siska C., Press B., and Lipinski P., "Tactical Expert Mission Planner(TEMPLAR)," TRW Defense Systems, Tech. Rep. RADC – TR – 89 – 328.

[5] Miller G., "Planning and Scheduling for the Hubble Space Telescope," in *Robotic Telescopes*, Vol. 79, 1995.

[6] Adler D., Taylor D., and Patterson A., "Twelve Years of Planning and Scheduling the Hubble Space Telescope: Process Improvements and the Related Observing Efficiency Gains," in *Observatory Operations to Optimize Scientific Return III*, *International Society for Optics and Photonics*, Vol. 4844, SPIE, 2002.

[7] Benaskeur A., Bossé E., and Blodgett D., "Combat Resource Allocation Planning in Naval Engagements," Defence R&D Canada, Tech. Rep. DRDC Valcartier TR 2005 – 486, 2007.

[8] Russell S., and Norvig P., *Artificial Intelligence: A Modern Approach*, Pearson Education, 2015.

[9] Helmert M., *Understanding Planning Tasks: Domain Complexity and Heuristic Decomposition*, Springer, 2008. (Revised version of Ph. D. thesis.)

[10] Wilkins D., *Practical Planning*, Morgan Kaufmann, 1998.

[11] *International Conference on Automated Planning and Scheduling Competitions*. Accessed 2020 – 09 – 12. Online: https://www. icapsconference. org/competitions/.

[12] Yuen J., "Automated Cyber Red Teaming," Defence Science and Technology Organisation, Australia, Tech. Rep. DSTO – TN – 1420, 2015.

[13] Haslum P., et al., *An Introduction to the Planning Domain Definition Language*, Morgan & Claypool, 2019.

[14] Korf R., "Heuristic Evaluation Functions in Artificial Intelligence Search Algorithms," *Minds and Machines*, Vol. 5, 1995.

[15] Liang Y. – q., Zhu X. – s., and Xie M., "Improved Chromosome Encoding for Genetic – Al-

gorithm – Based Assembly Sequence Planning,"in *International Conf. on Intelligent Computing and Integrated Systems*,2010.

[16] Brie A. , and Morignot P. , " Genetic Planning Using Variable Length Chromosomes," In *ICAPS*,2005.

[17] Goodwin M. ,Granmo O. ,and Radianti J. ,"Escape Planning in Realistic Fire Scenarios with Ant Colony Optimisation,"*Applied Intelligence*,Vol. 42,2015.

[18] Erol K. ,Hendler J. ,and Nau D. ,"HTN Planning:Complexity and Expressivity,"in *AAAI*,1994.

[19] Erol K. ,Hendler J. ,and Nau D. ,"Complexity Results for HTN Planning,"Institute for Systems Research,Tech. Rep. ,2003.

[20] Georgievski I. ,and Aiello M. ,"HTN Planning:Overview,Comparison,and Beyond,"*Artificial Intelligence*,Vol. 222,2015.

[21] Goldman R. P. ,et al. ,"MACBeth:A Multiagent Constraint – Based Planner,"in *Digital Avionics Systems Conference*,2000.

[22] Mitchell S. ,"A Hybrid Architecture for Real – Time Mixed – Initiative Planning and Control,"in *AAAI*,1997.

[23] Qi C. ,and Wang D. ,"Dynamic Aircraft Carrier Flight Deck Task Planning Based on HTN," *IFAC – PapersOnLine*,Vol. 49,No. 12,2016,Manufacturing Modelling,Management and Control.

[24] Kott A. ,et al. ,*Toward Practical Knowledge – Based Tools for Battle Planning and Scheduling*,AAAI,2002.

[25] Ground L. ,Kott A. ,and Budd R. ,"Coalition – Based Planning of Military Operations:Adversarial Reasoning Algorithms in an Integrated Decision Aid,"*CoRR*,2016.

[26] Kott A. ,et al. ,*Decision Aids for Adversarial Planning in Military Operations:Algorithms, Tools,and Turing – Test – Like Experimental Validation*,2016. Online:https://arxiv. org/abs/1601. 06108.

[27] Alford R. ,Kuter U. ,and Nau D. ,"Translating HTNs to PDDL:A Small Amount of Domain Knowledge Can Go a Long Way,"in *IJCAI*,2009.

[28] Kuter U. ,and Nau D. ,"Using Domain – Configurable Search Control for Probabilistic Planning,"*AAAI*,2005.

[29] Victoria J. ,"Automated Hierarchical,Forward – Chaining Temporal Planner for Planetary Robots Exploring Unknown Environments,"Ph. D. dissertation,Technical University of Darmstadt,Germany,2016.

[30] Andersen M. ,Bolander T. ,and Jensen M. ,"Conditional Epistemic Planning,"in *Logics in Artificial Intelligence*,2012.

[31] To S. ,Son T. ,and Pontelli E. ,"Contingent Planning as AND/OR Forward Search with Disjunctive Representation,"in *ICAPS*,2011.

[32] Blum A. , and Langford J. , "Probabilistic Planning in the Graph Plan Framework," in *European Conference on Planning*, 1999.

[33] Majercik S. , and Littman M. , "Contingent Planning Under Uncertainty via Stochastic Satisfiability," in *AAAI*, 1999.

[34] Ferraris P. , and Giunchiglia E. , "Planning as Satisfiability in Nondeterministic Domains," in *AAAI*, 2000.

[35] Joshi S. , and Khardon R. , "Probabilistic Relational Planning with First Order Decision Diagrams," *Artificial Intelligence Research*, Vol. 41, 2011.

[36] Mausam W. , and Kolobov A. , *Planning with Markov Decision Processes: An AI Perspective*, Morgan & Claypool, 2012.

[37] Sutton R. , and Barto A. , *Reinforcement Learning: An Introduction*, Bradford, 2018.

[38] Littman M. , Dean T. L. , and Kaelbling L. P. , "On the Complexity of Solving Markov Decision Problems," in *Uncertainty in AI*, 1995.

[39] Gupta A. , and Kalyanakrishnan S. , "Improved Strong Worst – Case Upper Bounds for MDP Planning," in *IJCAI*, 2017.

[40] Jinnai Y. , et al. , "Finding Options That Minimize Planning Time," in *ICML*, 2019.

[41] McMahan B. , and Gordon G. , "Fast Exact Planning in Markov Decision Processes," in *ICAPS*, 2005.

[42] Taleghan M. , et al. , "PAC Optimal MDP Planning with Application to Invasive Species Management," Vol. 16, 2015.

[43] Busoniu L. , et al. , "Optimistic Planning for Sparsely Stochastic Systems," in *Adaptive Dynamic Programming*, 2011.

[44] van Seijen H. , and Sutton R. , "Efficient Planning in MDPs by Small Backups," in *ICML*, 2013.

[45] Zhang J. , Dridi M. , and Moudni A. , "A Stochastic Shortest – Path MDP Model with Dead Ends for Operating Rooms Planning," in *International Conference on Automation and Computing*, 2017.

[46] Yoon S. , Fern A. , and Givan R. , "FF – Replan: A Baseline for Probabilistic Planning," in *ICAPS*, 2007.

[47] Teichteil – Koenigsbuch F. , Infantes G. , and Kuter U. , "RFF: A Robust, FF – Based MDP Planning Algorithm for Generating Policies with Low Probability of Failure," in *ICAPS*, 2008.

[48] Oliehoek F. , and Amato C. , *A Concise Introduction to Decentralized POMDPs*, Springer, 2016.

[49] Bernstein D. , et al. , "The Complexity of Decentralized Control of Markov Decision Processes," *Mathematics of Operations Research*, Vol. 27, No. 4, 2002.

[50] Varakantham P. , et al. , "Exploiting Coordination Locales in Distributed POMDPs via Social Model Shaping," in *ICAPS*, 2009.

[51] Nair R. , et al. , "Networked Distributed POMDPs: A Synthesis of Distributed Constraint Opti-

mization and POMDPs,"in *AAAI*,2005.

[52] Denoeux T. ,"40 Years of Dempster – Shafer Theory,"*Approximate Reasoning*,2016.

[53] Liu L. ,and Yager R. ,"Classic Works of the Dempster – Shafer Theory of Belief Functions: An Introduction,"*Studies in Fuzziness and Soft Computing*,Vol. 219,2008.

[54] Nickravesh M,"Evolution of Fuzzy Logic:From Intelligent Systems and Computation to Human Mind,"in *Forging New Frontiers:Fuzzy Pioneers I. Studies in Fuzziness and Soft Computing*,Vol. 217,Springer,2007.

[55] Mogdil S. ,and Prakken H. ,"The ASPIC ∗ Framework for Structured Argumentation:A Tutorial,"*Argument and Computation*,Vol. 5,No. 1,2014.

[56] Collins A. ,Magazzeni D. ,and Parsons S. ,"Towards an Argumentation – Based Approach to Explainable Planning,"in *Explainable Planning*,2019.

[57] Mostafa H. ,and Lesser V. ,"Offline Planning for Communication by Exploiting Structured Interactions in Decentralized MDPs,"in *International Conference on Web Intelligence and Intelligent Agent Technology*,2009.

[58] Mogali J. ,Smith S. ,and Rubinstein Z. ,"Distributed Decoupling of Multiagent Simple Temporal Problems,"in *IJCAI*,2016.

[59] Melo F. ,and Veloso M. ,"Decentralized MDPs with Sparse Interactions,"*Artificial Intelligence*,Vol. 175,2011.

[60] Yordanova V. ,"Intelligent Adaptive Underwater Sensor Networks,"Ph. D. dissertation,University College London,London,UK,2018.

[61] Ren P. ,et al. ,*A Survey of Deep Active Learning*,2020. Online:https://arxiv. org/abs/2009. 00236.

[62] Becker R. ,Lesser V. ,and Zilberstein S. ,"Decentralized Markov Decision Processes with Event – Driven Interactions,"in *AAMAS*,2004.

[63] Xuan P. ,and Lesser V. ,"Incorporating Uncertainty in Agent Commitments,"in *Agent Theories,Architectures,and Languages*,1999.

[64] Klemm R. ,et al. (Eds.),*Novel Radar Techniques and Applications*,Scitech Publishing,2017.

[65] Altman E. ,*Constrained Markov Decision Processes*,Chapman Hall,1999.

[66] Dolgov D. ,and Durfee E. ,"Stationary Deterministic Policies for Constrained MDPs with Multiple Rewards,Costs,and Discount Factors,"in *IJCAI*,2005.

[67] Muhammad N. ,et al. ,"Resource Allocation Techniques in Cooperative Cognitive Radio Networks,"*Communications Surveys & Tutorials*,Vol. 16,No. 2,2013.

[68] Ramzan M. ,et al. ,"Multiobjective Optimization for Spectrum Sharing in Cognitive Radio Networks:A Review,"*Pervasive and Mobile Computing*,Vol. 41,2017.

[69] Jorswieck E. ,and ButtM. ,"Resource Allocation for Shared Spectrum Networks,"in *Spectrum Sharing:The Next Frontier in Wireless Networks*,Wiley,2020.

［70］Shoham Y. , and Leyton – Brown K. , *Multiagent Systems：Algorithmic, Game – Theoretic, and Logical Foundations*, Cambridge University Press, 2009.

［71］Nisan N. , et al. (Eds.), *Algorithmic Game Theory*, New York：Cambridge University Press, 2007.

［72］Saad W. , et al. , "Coalitional Game Theory for Communication Networks：A Tutorial," *IEEE Signal Processing Magazine*, 2009.

［73］MacKenzie A. , and DaSilva L. , *Game Theory for Wireless Engineers*, Morgan & Claypool, 2006.

［74］Han Z. , et al. , *Game Theory in Wireless and Communication Networks：Theory, Models, and Applications*, Cambridge University Press, 2012, The course http：//www2. egr. uh. edu/~zhan2/ game_theory_course/ contains slides based on the book.

［75］Zayen B. , Hayar A. , and Noubir G. , "Game Theory – Based Resource Management Strategy for Cognitive Radio Networks," *Multimedia Tools and Applications*, Vol. 70, No. 3, 2013.

［76］Mkiramweni M. , et al. , "Game – Theoretic Approaches for Wireless Communications with Unmanned Aerial Vehicles," *IEEE Wireless Communications*, 2018.

［77］Snyder M. , Sundaram R. , and Thakur M. , "A Game – Theoretic Framework for Bandwidth Attacks and Statistical Defenses," in *Local Computer Networks*, 2007.

［78］Schramm H. , et al. , "A Game Theoretic Model of Strategic Conflict in Cyberspace," *Military Operations Research*, Vol. 19, No. 1, 2014.

［79］Kasmarik K. , et al. , "A Survey of Game Theoretic Approaches to Modelling Decision – Making in Information Warfare Scenarios," *Future Internet*, Vol. 8, 2016.

［80］Liu X. , et al. , "SPREAD：Foiling Smart Jammers Using Multilayer Agility," in *INFOCOM*, 2007.

［81］Yang D. , et al. , "Coping with a Smart Jammer in Wireless Networks：A Stackelberg Game Approach," *IEEE Transactions on Wireless Communications*, Vol. 12, No. 8, 2013.

［82］Firouzbakht K. , Noubir G. , and Salehi M. , "Multicarrier Jamming Mitigation：A Proactive Game Theoretic Approach," in *Proactive and Dynamic Network Defense*, 2019.

［83］Wang H. , et al. , "Radar Waveform Strategy Based on Game Theory," *Radio Engineering*, Vol. 28, No. 4, 2019.

［84］Li K. , Jiu B. , and Liu H. , "Game Theoretic Strategies Design for Monostatic Radar and Jammer Based on Mutual Information," *IEEE Access*, Vol. 7, 2019.

［85］Zhang X. , et al. , "Game Theory Design for Deceptive Jamming Suppression in Polarization MIMO Radar," *IEEE Access*, Vol. 7, 2019.

［86］Wonderley D. , Selee T. , and Chakravarthy V. , "Game Theoretic Decision Support Framework for Electronic Warfare Applications," in *Radar Conference*, IEEE, 2016.

［87］Mneimneh S. , et al. , "A Game – Theoretic and Stochastic Survivability Mechanism Against Induced Attacks in Cognitive Radio Networks," *Pervasive and Mobile Computing*, Vol. 40, 2017.

［88］Sundaram R. , et al. , "Countering Smart Jammers：Nash Equilibria for Asymmetric Agility and

Switching Costs,"in *Classified US Military Communications*,2013.

[89] Blum D. ,"Game – Theoretic Analysis of Electronic Warfare Tactics with Applications to the World War II Era,"M. S. thesis,2001.

[90] Thanoon M. ,"A System Development for Enhancement of Human – Machine Teaming," Ph. D. dissertation,Tennessee State University,2019.

[91] McDermott P. ,et al. ,"Human – Machine Teaming Systems Engineering Guide,"MITRE, Tech. Rep. AD1108020,2018.

[92] Urlings P. ,and Jain L. ,"Teaming Human and Machine,"in *Advances In Intelligent Systems For Defence*,World Scientific,2002.

[93] Taylor R. ,"Towards Intelligent Adaptive Human Autonomy Teaming,"Defence Science and Technology Laboratory,UK,Tech. Rep. STOMP – HFM – 300,2018.

[94] Smith C. ,*Ethical Artificial Intelligence(AI)*,2020. doi:10. 1184/ R1/c. 4953576. v1.

[95] Overholt J. ,and Kearns K. ,*Air Force Research Laboratory Autonomy Science & Technology Strategy*,2014. Online:https://tinyurl. com/afrl – autonomy.

[96] Haigh K. Z. ,Varadarajan S. ,and Tang C. Y. ,"Automatic Learning – Based MANET Cross – Layer Parameter Configuration,"in *Workshop on Wireless Ad hoc and Sensor Networks*,IEEE, 2006.

[97] Hilario M. ,"An Overview of Strategies for Neurosymbolic Integration,"in *Connectionist – Symbolic Integration*,*Lawrence Erlbaum*,1997.

[98] D' Avila Garcez A. ,Lamb L. ,and Gabbay D. ,*Neural – Symbolic Cognitive Reasoning*, Springer,2009.

[99] Confalonieri,R. ,et al. ,"A Historical Perspective of Explainable Artificial Intelligence," *WIREs Data Mining and Knowledge Discovery*,Vol. 11,No. 1,2021.

[100] Mitola III J. ,"Cognitive Radio:An Integrated Agent Architecture for Software Defined Radio,"Ph. D. dissertation,Royal Institute of Technology(KTH),Kista,Sweden,2000.

[101] Berlemann L. ,Mangold S. ,and Walke B. H. ,"Policy – Based Reasoning for Spectrum Sharing In Radio Networks,"in *Symposium on New Frontiers in Dynamic Spectrum Access Networks*,2005.

[102] Gustavsson P. ,et al. ,"Machine Interpretable Representation of Commander's Intent,"in *International Command and Control Research and Technology Symposium:C2 for Complex Endeavors*,2008.

[103] Gustavsson P. ,et al. ,"Formalizing Operations Intent and Effects for Network – Centric Applications,"in *International Conference on System Sciences*,2009.

[104] Roth E. ,et al. ,"Designing Collaborative Planning Systems:Putting Joint Cognitive Systems Principles to Practice,"in *Cognitive Systems Engineering:A Future for a Changing World*, Ashgate Publishing,2017,Ch. 14.

［105］ Haigh K. Z. ,Olofinboba O. ,and Tang C. Y. , "Designing an Implementable User – Oriented Objective Function for MANETs ," in *International Conference On Networking* ,Sensing and Control ,IEEE ,2007.

［106］ Heilemann F. ,and Schulte A. , "Interaction Concept for Mixed – Initiative Mission Planning on Multiple Delegation Levels in multi – UCAV Fighter Missions ," in *International Conference on Intelligent Human Systems Integration* ,Springer ,2019.

［107］ Irandoust H. ,et al. , "A Mixed – Initiative Advisory System for Threat Evaluation ," in *International Command and Control Research and Technology Symposium* ,2010.

［108］ Parsons S. ,et al. , "Argument Schemes for Reasoning About Trust ," *Argument & Computation* ,Vol. 5 ,No. 2 – 3 ,2014.

［109］ Sarkadi S. ,et al. , "Modelling Deception Using Theory of Mind in Multiagent Systems ," *AI Communications* ,Vol. 32 ,No. 4 ,2019.

［110］ Miller C. , and Goldman R. , " 'Tasking Interfaces; Associates That Know Who's the Boss ," in *Human/Electronic Crew Conference* ,1997.

［111］ Miller C. ,et al. , "The Playbook ," in *Human Factors and Ergonomics Society* ,2005.

［112］ Pomerleau M. , "Here's What the Army is Saying about Its New Electronic Warfare Solution ," *C4ISRNet* ,2018.

［113］ US Army ,*Electronic Warfare Planning and Management Tool(EWPMT)* ,Accessed 2020 – 09 – 19. Online : https ://tinyurl. com/ewpmt – army.

［114］ Raytheon ,*Electronic Warfare Planning Management Tool(EWPMT)* ,Accessed 2020 – 09 – 19. Online : https ://tinyurl. com/ewpmt – rtn.

［115］ Mostafa S. ,Ahmad M. ,and Mustapha A. , "Adjustable Autonomy : A Systematic Literature Review ," *Artificial Intelligence Review* ,No. 51 ,2019.

［116］ Fürnkranz J. ,and Hüllermeier E. ,*Preference Learning* ,Springer Verlag ,2011.

［117］ Kostkova P. ,Jawaheer G. ,and Weller P. , "Modeling User Preferences in Recommender Systems ," *ACM Transactions on Interactive Intelligent Systems* ,Vol. 4 ,2014.

［118］ Bantouna A. ,et al. , "An Overview of Learning Mechanisms for Cognitive Systems ," *Wireless Communications and Networking* ,No. 22 ,2012.

［119］ Rehkopf M. ,*User Stories with Examples and Template*. Accessed 2020 – 9 – 28. Online : https :// www. atlassian. com/agile/project – management/user – stories.

［120］ Mountain Goat Software ,*User stories*. Accessed 2020 – 09 – 28. Online : https ://www. mountaingoatsoftware. com/agile/user – stories.

第 7 章

任务中实时规划和学习

态势估计和决策是所有电子战系统的关键组成部分。第 1~6 章介绍了这些活动的具体方法,但没有将其置于任务执行的背景下。

电子战重规划的传统方法假设在创建电子防护/电子进攻计划和更新电子支援模型之间需要很长的时间。完全集成的现代电子战系统能够且必须对任务期间发生的意外事件做出反应,并从中吸取经验教训。

在控制理论的自然演变中,执行监控通过跟踪动作结果使规划器能够适应变化,使学习算法能够吸收经验。

7.1 执行监控

电子战系统必须监控电子支援、电子防护/电子进攻和电子战作战管理等所有电子战活动的执行情况,且监控必须涵盖每个平台以及由多个节点构成的编组。执行监控需要电子支援功能并作为电子支援的内省组件。

电子支援描述了态势或环境。执行监控将观测的环境与预期的环境进行比较。

图 7.1 中所示的监控动作包括以下内容:

传感器监控:原始数据是否正确;传感器是否正常工作;推断的当前态势是少见的还是异常的;传感器信息是否可信;传感器是否受到敌方攻击。

模型监控:电子支援模型是否正确;态势估计是否正确;模型是否涵盖了当前态势;这种态势是否属于专业领域;态势推理是否受到敌方攻击;在使用学习

模型的系统中,输入数据是否遵循模型训练所依据的分布(其专业领域或战斗空间);当系统在任务中学习时,概念漂移是否可以接受。

动作监控:对于一个动作假设或先决条件是否仍然成立;执行动作后是否出现了预期的结果;动作表现如何;预期结果是否存在微小但关键的变化。

计划监控:计划的其余部分是否仍然可行;系统是否还能实现其目标;有某些任务是否需要重新分配;完成任务的代价或时间是否会发生变化。

目标监控:在行动之前,长期目标是否还有意义;任务是否发生了有意义的变化;是否有实现其他目标的新机会。

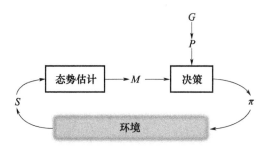

图 7.1　在不确定或动态问题领域中,执行监控必须对传感器 S、模型 M、动作 π、计划 P 和目标 G 进行分析

在上述任何一个问题上的失败可能会触发重规划或触发学习。重规划更新计划以应对新态势,学习更新完善了底层模型。

电子支援功能根据当前条件评估预期条件。当反馈与学习模型的反馈匹配时,反馈会启用任务中学习更新。例如,执行监控可以计算模型的预测误差以触发再训练,如示例 7.1 所示。

示例 7.1　BBN SO 对通信电子防护任务执行任务中实时学习和优化。

　　BBN SO 学习如何在先前未知的干扰条件下优化网络性能[35,51-52]。即使在高度动态的任务中,SO 也能自动识别影响通信质量的条件并学习选择提高性能的配置。它是已知的第一个在任务相关的时间范围内使用任务中机器学习的通信电子防护系统。

　　SO 包括做出战略决策的快速响应引擎(rapid response – engine,RRE)和学习战略执行模型的长期响应引擎(long – term response engine,LTRE)。

　　给定训练数据集合(可能为空),长期响应引擎为每个指标构建一个性能曲面模型 $m_k = f_k(o, s)$。SO 使用支持向量机(3.1.1 节)进行性能评估(4.2 节),因为支持向量机(SVM)可以从少量训练数据中学习并可以在较低性能或配置的硬件上实现。由于设备内存有限,长期响应引擎需要管理数据多样性(8.3.2 节)并遗忘旧数据样本(8.3.4 节)。

　　然后,快速响应引擎使用这些支持向量机模型 f_k 在任务期间根据算法 5.1 做出快速实时决策。

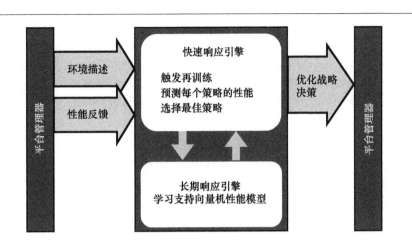

即使在没有先验训练数据的情况下,SO 也可以从少量数据样本中有效地学习如何在较低性能或配置的硬件上实时降低通信干扰。

SO 已经在许多不同的干扰条件下进行了测试,从分布式干扰到复杂干扰,从模拟、实验室仿真到外场,结果显示在安装了硬实时操作系统的 PPC440 上[35]。

在每个时间步,平台为指标 m 提供可观测量和性能反馈。如果 $m_k(t)$ 的估计性能与观测性能 $\hat{m}_k(t+\delta)$ 相差很大①,那么快速响应引擎会触发再训练事件,长期响应引擎使用新的训练数据为 m_k 重建支持向量机。因此,SO 使用强化学习在任务相关的时间范围内执行任务中学习。

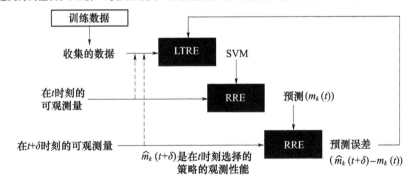

SO 独立于平台和问题域。XML 配置文件中列出了所有的可观测量、可控量和指标。可控量给出了其有效设置,指标给出了其相关权重和代价。因此,学习和优化方法可以移植到其他平台、问题域和效用指标。

---

①　BBN SO 使用 $\delta = 1$ 进行即时反馈。

BBN SO 是 2006 年开始的射频系统机器学习系列研究的一部分[35,43,51-58]。ADROIT[43] 是第一个使用机器学习来控制真实移动自组织网络的公司,展示了针对应用级地图质量指标的网络、MAC 和 PHY 参数的控制。BBN SO 是第一个使用机器学习进行任务中实时学习的通信电子防护系统,文献[35]演示了对电子防护的天线、物理层和 MAC 层参数的控制。BBN SO 早期是使用人工神经网络,以训练时间和大型训练集为代价获得了准确性。支持向量机解决了这两个挑战。

通过将动作与观测值联系起来,执行监控可以分析得出事件之间的因果关系。该分析使系统能够确定事件是否是观测环境的固有功能,或者动作是否是真正的前兆。然后,系统可以使用前兆事件作为迫在眉睫的危险的"告警信号"。4.5 节讲述了如何检测这些模式。

在电子防护任务中,通常可以直接测量性能指标,如误码率或吞吐量。对于电子进攻系统,必须使用电子支援模块估计攻击效能,可包括干扰效能[1]、雷达工作模式、虚警概率/检测概率或拦截概率。使用在测试阶段收集的标注数据,可以训练机器学习模型来估计这些值,然后在执行任务时使用它们。

电子战战斗损伤评估系统可以估计威胁模式或判断其他行为是否发生了变化。不同的雷达工作模式对应不同的参数以完成不同的任务[2-5],如改变脉冲宽度可提高搜索能力或脉冲重复间隔,以调整检测距离[3]。这些特征的变化用于表征电子进攻效能[5-10]。

除了因果事件分析之外,基于机器学习模型的战斗损伤评估系统还可以利用历史模式。例如,当一个雷达参数连续几次变化时,系统可以增强其对电子进攻技术效能的信心。

手动设计的基于规则的战斗损伤评估系统一般会设置告警阈值或构建规则。每个规则一般会产生一个分数,它们可以进行算术组合或作为某个动作总体效能的分数。随着辐射源变得越来越复杂,手工生成规则的有效性急剧下降。为了降低手工生成规则的脆弱性,可以将这些特征合并到机器学习模型中。包括规则学习在内的任何机器学习模型都可以作为战斗损伤评估的评分引擎,其中分类方法还可以将特征组合以估计战斗损伤评估效能。

图 7.2 给出了一种机器学习架构。特征(如模式或行为)可以通过手工生成算法或者由机器学习(传统、深度网络或混合)得到。多分类器使用这些特征估计其局部威胁模式,集成方法(3.2 节)可以取得最好的威胁模式判断结果。最后,变化检测模块将当前模式与之前模式进行比较。算法 7.1 显示了从 Scikit - learn 中选取的不同分类器集成的相应代码,使用了一个决策树、一个额外树、一个高斯朴素贝叶斯和两个使用不同 k 值的 k - NN 模型,结果显示在图 7.3

中。图中 evalModel( )中的十折交叉验证得出每个模型的 10 个分数,并以箱形图显示出来。

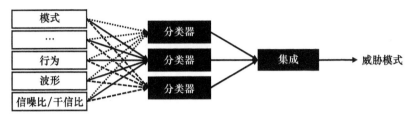

图 7.2 机器学习架构

注:集成方法可以通过从多个假设中进行选择或组合来提高准确性。特征
可以手工生成或学习获得,任何机器学习方法都可以用作中间分类器。

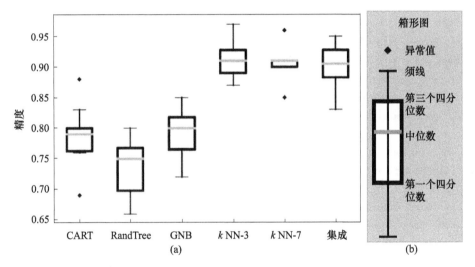

图 7.3 集成方法可以获得比独立模型更高的精度。
每个箱形图显示了模型的十折交叉验证分数

(a) k 折交叉验证训练 k 个模型,每个模型使用不同的 $1/k$ 数据集作为其测试数据;(b) 箱形图
显示了值的分布。中央框显示数据中半部分的范围(第一个四分位数到第三个四分位数),而须线
相当于四分位数范围的 1.5 倍(如果数据呈正态分布,就为 99.3% 的数据),异常值单独显示。

算法 7.1 集成方法可以达到比独立模型更高的精度。Scikit – learn 包含多个分类器和集成方法

```
from sklearn.tree import DecisionTreeClassifier
from sklearn.tree import ExtraTreeClassifier from sklearn.naive _ bayes
import GaussianNB
from sklearn.neighbors import \
    KNeighborsClassifier as KNN
```

```
from sklearn.ensemble import VotingClassifier
import numpy as np
from sklearn.datasets import make_classification
from sklearn.model_selection import cross_val_score
from sklearn.model_selection import KFold
from matplotlib import pyplot

# define a fake dataset
def getData():
  X,y = make_classification(n_samples = 1000,
          n_features = 25,n_informative = 15,
          n_redundant = 5)
  return(X,y)

def getModels():
  models = []
  models.append(('CART',DecisionTreeClassifier()))
  models.append(('RandTree',ExtraTreeClassifier()))
  models.append(('GNB',GaussianNB()))
  models.append(('kNN - 3',KNN(n_neighbors = 3)))
  models.append(('kNN - 7',KNN(n_neighbors = 7)))
  return models

# 10 - fold cross validation
def evalModel(name,model,X,y):
  cv = KFold(n_splits = 10)
  scores = cross_val_score(model,X,y,
              scoring = 'accuracy',
              cv = cv,error_score = 'raise')
  s = '{:10s} mu = {:.3f} '.format(
      name,np.mean(scores))
  s = s + 'std = {:.3f} scores = {}'.format(
      np.std(scores),scores)
  print(s)
  return scores

if __name__ = '__main__':
  names,results = [],[]
```

```
x,y = getData()
models = getModels()
for name,model in models:
    scores = evalModel( name,model,X,y )
    results.append(scores)
    names.append(name)
ensemble = VotingClassifier( estimators = models )
scores = evalModel( 'Ensemble',ensemble,X,y )
results.append(scores)
names.append('Ensemble')

# plot model performance
fig = pyplot.figure()
pyplot.boxplot(results,labels = names)
fig.savefig('ensemble.png')
```

7.2 任务中重规划

除了第一次与敌军主力交战之外,没有任何行动计划是确定不变的。

—Helmuth von Moltke

Kriegsgechichtliche Einzelschriften(1880)

这句话经常被错误地引用为"没有任何作战计划在与敌人遭遇后还有效"。

尽管任务目标会出现意外和变化,但任务中重规划可确保计划仍然可行。新的优先事项可能出现,资源可能意外耗尽。条件规划和马尔可夫决策过程等一些规划方法包含了多个可选的预期目标。

规划器还必须经常更新计划以应对意外情况。图7.4演示了一种重规划以适应态势的可能情景。

作为决策标准的一部分,规划器应该具有应对意外的灵活性。规划器还可以对协同进行规划,以处理任务目标的预期变化[11]。

在条件规划中,规划器为关键的结果准备动作,将不太重要、不太可能出现或易于处理的动作留给动态重规划[12]。

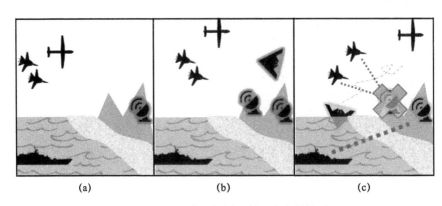

图7.4　任务中重规划必须适应意外情况

(a)先验电子情报侦察假设存在一部敌方雷达;(b)任务中协同电子支援探测到两部
敌方雷达和一架空中无人机;(c)任务中重规划调整计划,火力节点消灭敌人。

在以下情况下,执行监控会触发重规划的情况:一是行动可能没有达到预期结果,必须重复或替换,如战斗损伤评估表明所选电子进攻方法不够有效,必须使用不同的技术。二是现有计划可能不再可行,如当平台出现故障需要重新分配任务时,工程师通常可以估计出故障类型,即使具体故障很难预测。通常人们可以预测平台损耗,但不知道哪些平台和任务受到影响。三是因为任务目标发生了变化,必须生成一个全新的计划,现有计划可能与任务不再相关。

规划器可以选择从当前状态执行完整的重规划或修复现有计划[13-14]。例如,决策可能取决于算法、计算时间或对计划稳定性的期望。当时间有限时,任意时间算法可以管理决策(5.3节)。计划修复技术通常取决于所选的规划方法,例如:

(1)交叉规划和执行[15-16];

(2)有感知功能的应急规划器[17-18];

(3)分层任务网络规划[19-21];

(4)概率规划[22];

(5)任务分配[23-24];

(6)图规划[25-26];

(7)类比规划[27];

(8)计划编制[28-29]。

这些方法共同关注的是计划稳定性,即新计划与原始计划的相似性[26-29]。保持计划稳定性减少了计算量及参与者间的协调并更有效地支持人工操作员,因为人类不喜欢在没有明确理由的情况下对计划进行重大更改。

AFRL 的分布式作战(distribute operation,DistrO)计划着眼于计划创建和修复[30]。该组件评估了目标实现进度,确定了与预期结果的偏差,并对"反介入/区域拒止"(anti-access area-denial,A2/AD)环境中的转发节点计划提出调整建议。尽量减少对计划的调整,因为对节点已做出任务分配,并且可能无法传达任何更改。将更改计划的代价计入规划过程也可能很有用处。

7.3　任务中学习

从广义来看,强化学习是一种以目标为导向的学习方法,其中个体与环境互动,并随着时间的推移改进它们的表现[31]。相比之下,有监督学习是被动的,必须给定标签数据(参见第 3 章)。在电子战中,现实环境通常过于复杂,无法收集涵盖所有预期情况的数据,同时系统将遇到任何实验室环境都无法预测的新情况。强化学习意味着系统可以在环境中采取电子防护或电子进攻行动,收集反馈并评估自身的性能。

强化学习与非线性系统的直接自适应控制[32]和模型预测控制(model-predictive control,MPC)[33-34]有关。关键的区别在于模型预测控制是基于模型的而强化学习不是。强化学习系统没有可微的目标函数,必须在环境中采取动作来学习该函数。强化学习允许系统在真实环境下学习。在真实环境下学习是最有益的,也是最需要的。

强化学习可以更新动作描述以反映环境中实际发生的事情,如对于状态 s,更新转移概率 $P(s'|s,a)$ 或将动作先决条件 (p_1,p_2,p_3) 更新为 (p_1,p_2,p_4)。强化学习是准确学习性能模型 $m=f(o_n,c_n)$ 的唯一方法,如 4.2 节所述。

图 7.5 给出了任务中增量学习的简化例子。给定已知的可观测量 o,在时间 $t-\delta$,优化器使用先前学习的模型 f 来估计每个候选策略 s 的性能 $m=f(o_n,c_n)=f(o,s)$。选择并执行最佳策略 $s=\mathrm{argmax}_{s_i}\tilde{U}_n(s_i)$ 后,系统估计 s_i 的实际性能。学习算法将评估结果添加到数据集中,更新模型 f,优化器开始使用更新后的函数 f。图中,如果 $o_n(t)\approx o_n(t-\delta)$,那么优化器选择标示出的最佳策略。

强化学习系统的两个关键行为是采取什么动作及何时更新模型。将性能指标嵌入任务中学习的示例控制流程如图 5.2 所示。

每次预测的失败都是一次学习的机会。大多数强化学习系统在每个时间步都会更新模型,但更新是审慎的。如果计算周期有限或者存在新信息,系统可能会分批地触发再训练。新信息包括已知环境中新动作的性能指标反馈、新环境中的已知动作或已知环境中已知动作的意外反馈。边界情况、传感器的异常读数和对抗性攻击也是触发再训练的可能因素。

　　在动作选择方面,决策者在应用和探索间做出了明确的权衡。应用意味着决策者选择了预期效用最高的策略,而探索意味着选择能够获得新知识的动作。根据6.1.4节,效用函数也可以直接包含信息的价值。该决策在基于已有知识的奖励最大化与尝试获取新知识之间取得平衡。即使在人类决策中,勇于失败也可以提高学习速率[36]。

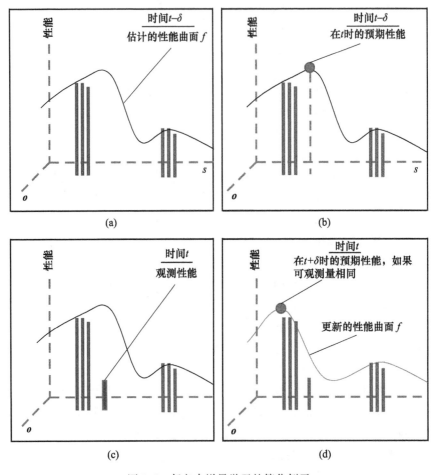

图7.5　任务中增量学习的简化例子

注:在时间 $t-\delta$,BBN SO(示例 7.1[35])根据已知可观测量和所有候选策略 o,s,使用模型 $m_k = f_k(o,s)$ 来估计 m_k,并选择最佳策略。学习算法在下一次迭代更新 f_k。为了简化说明,x 轴和 y 轴是多维的,x 表示所有可控量的所有值,y 表示所有可观测量的所有值。另外,注意,示意图仅针对给定的 $o_t-\delta$ 和 o_t 显示了 f_k,实际上 f_k 为指标 m_k 建立了关于所有可观测值和所有策略的模型。

主动学习是强化学习中的一个概念,是指有意选择要采取的动作,即选择对学习最有用的动作。例如,决策者管理偏差(8.2节)和保持数据多样性(8.3.2节)的一种方法是使用如表7.1所列的稀疏矩阵,记录针对不同环境使用何种策略。决策者使用可观测量(2.1.1节)对环境进行聚类,根据需要添加新类。在表7.1中,可控量c_1和c_2为二进制开/关,c_3可取值0、1和2,产生12种策略。

表7.1 决策者用于跟踪射频环境所应用策略的稀疏矩阵示例

环境	无	一个值				两个值					三个值	
	000	001	002	010	100	011	012	101	102	110	111	112
环境1	Y	Y	Y	Y	Y	Y	—	—	—	Y	—	—
环境2	Y	Y	Y	Y	Y	—	—	Y	—	Y	—	—
环境3	Y	Y	Y	Y	Y	—	—	Y	Y	—	—	—
未知	—	—	—	—	—	—	—	—	—	—	—	—

注:"Y"表示系统在该环境中使用该策略有明确的性能结果。

强化学习中的许多常见研究是基于马尔可夫决策过程的,以至于强化学习几乎与马尔可夫决策过程同义。这里不讨论马尔可夫决策过程是不是底层模型的问题。

强化学习不是由学习方法定义的,而是由学习问题和与环境的直接交互来定义的[31]。

事实上,由于计算复杂性和所需训练样本数量的限制,基于马尔可夫决策过程的强化学习通常不适用于电子战任务中重规划。3.6节讨论了在选择模型时考虑的一些算法权衡以及在任务中要学习什么。

7.3.1 认知架构

大多数认知架构通过学习得到某种形式的规则来帮助做出决策。许多认知架构已应用于物理领域,如机器人足球和战斗机飞行员[37-41]。5.1.3节讲述了提高规划性能的其他学习方法。强化学习将探索/利用的权衡进行了形式化处理,认知架构文献使用了类似的感知注意力和动作选择概念。

7.3.2 神经网络

当时间充足时,人工神经网络(3.1.2节)可以在强化学习环境中有效地学习射频中的各种任务[42]。第4章中的许多例子是基于人工神经网络的,强化学习框架使用真实的环境反馈来训练这些模型。示例包括学习性能[43-44]、频谱共享雷达中的避免频谱冲突[45]、认知无线电网络[46]中的干扰抑制、识别信号[47-48]、选择任务[49],以及检测和组织攻击类型[50]。文献[50]提出了应对部分挑战的技术,包括计算效率和非对称数据即类不平衡。人工神经网络尚未在快速实时电子战方面的文献中介绍过,因为它们需要大量数据和计算资源,无法从单个示例中学习。小样本学习(3.4节)是应对这一挑战的研究方向。

7.3.3　支持向量机

支持向量机(3.1.1节)是电子战中强化学习的一类特别有效的方法,它们从少量的训练样本甚至一个样本中学习,并且不需要大量的计算能力。BBN SO使用支持向量机执行通信电子防护[35]实时任务中学习并基于预测误差触发再训练。

将深度网络与支持向量机相结合是一个很有前途的研究领域[59-61]。深度网络模型可以在大量数据上进行预先训练,以提取射频信号的潜在特征;然后用支持向量机替换深度网络的输出层,该支持向量机可以在与射频任务相关的时间范围内进行任务中更新,以学习如何对新型辐射源进行分类。图7.6说明了这一概念。支持向量机可以从很少的数据中快速学习,并且可以在FPGA或CPU上在亚毫秒的时间范围内实现模型更新。

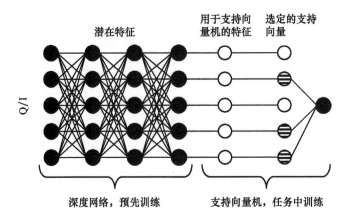

图7.6　深度网络与支持向量机相结合

注:在执行任务之前,深度网络从大量典型环境中学习以提取潜在特征;
在任务期间,系统使用经过训练的深度网络进行推理,
然后使用这些特征来训练和更新支持向量机模型。

7.3.4　多臂赌博机

多臂赌博机(multiarmed bandit,MAB)是一种经典的强化学习方法,其中奖励服从概率分布而不是固定分值[31,62-63]。每个动作(策略 s)都是一个"手臂",它有一个平均值为 μ_s 的奖励分布 R_s。多臂赌博机模拟了静态环境下必须反复做出相同决策的情况,可视为只有一个状态和多个可用动作的马尔可夫决策过程。等效地,马尔可夫决策过程是一组多臂赌博机问题,因为状态会发生变化。多臂赌博机比马尔可夫决策过程收敛得更快。多臂赌博机的一个有用变体为每个动作添加了情景信息,从而学习与情景信息相关的奖励分布,即对于 $m = f(o,s)$,当在可观测量 o 下使用策略 s 时 m 取值的分布。多臂赌博机已用于信道选择[64-66]、抗干扰[67]和干扰[68-69]。

Takeuchi 等[70]提出了一种用于信道选择的简化多臂赌博机算法,该算法可以快速忘记过去的参数,从而降低计算代价。还存在几种任意时间多臂赌博机算法[71-73],它们与多少信息即足够的想法相关[74]。元学习还可以帮助选择最佳的多臂赌博机启发式[75],而多臂赌博机可以成为选择有效算法的元学习算法[76-77]。

7.3.5　马尔可夫决策过程

马尔可夫决策过程是表示不确定性的常用方法(6.1.3 节)。Q 学习是一种无模型的强化学习方法,用于学习动作的质量即 Q 值,它在无探索时间限制的情况下为任何有限马尔可夫决策过程找到最优策略[78]。马尔可夫决策过程已在强化学习框架内用于管理雷达中的频谱共享[45]、预测干扰[79]、抗干扰[80]以及了解用户行为[81]。另外的研究工作包括结构化效用函数以了解需要怎样谨慎地维护奖励函数[82],以及在满足约束条件[83-84]的同时优化效用函数。一般来说,Q 学习和其他基于马尔可夫决策过程的方法所需训练样本数量庞大而且计算复杂度很高,不适用于电子战。[45,85]

贝叶斯强化学习[86-87]使用模型参数、策略或奖励函数等关键物理量的分布。贝叶斯后验在所选参数表示的约束下描述知识的完整状态,因此智能体可以选择与该信息状态相关的预期增益最大化的动作。

7.3.6　深度 Q 学习

深度 Q 网络(deep Q - networks,DQN)使用深度网络来估计马尔可夫决策过程中各个状态所有可能动作的 Q 值[88],从而减少传统 Q 学习的计算负担以

及所需的样本量。《深度强化学习实践》[89]一书介绍了基于 Python 语言的深度
Q 网络示例。深度 Q 网络已用于各种射频任务,包括信号分类[47]、共存[90-91]、
干扰[92]和抗干扰[93-99]。深度主动学习方法使用信息不确定性、多样性和预期
模型变化来选择实验[100]。深度 Q 网络尚未评估在电子战领域中应用时的样本
效率,其中能够仅从一个样本中学习可能至关重要,并且它还必须满足硬实时
电子战要求。

7.4　小　　结

没有任何作战计划在与敌人遭遇后还有效,也没有任何模型能够准确地反
映环境的每个细节,电子战系统必须对这些意外的任务中事件做出反应并从中
吸取经验教训。本章讨论了任务中实时规划和学习的实现方法,侧重于执行监
控、任务中重规划和任务中学习的概念。必须通过人机界面(6.3 节)将意外的
观测、推理和变化及时传递给人类用户。

电子战系统与真实环境的交互要求对规划进行持续监督,而重规划使任务
保持在正轨上。此外,电子战系统与真实环境的交互使机器学习能够改进经验
模型,任务中学习可根据实际经验提高系统性能。执行监控将动作与观测值联
系起来,决策与态势估计联系起来,电子防护/电子进攻/电子战作战管理与电
子支援联系起来,实现了电子战行动的闭环。

参考文献

[1] Lee G. – H. ,Jo J. , and Park C. H. ,"Jamming Prediction for Radar Signals Using Machine Learning Methods,"*Security and Communication Networks*,2020.

[2] Melvin W. , and Scheer J. ,*Principles of Modern Radar*:*Radar Applications*,Scitech,2013.

[3] Aslan M. ,"Emitter Identification Techniques in Electronic Warfare,"M. S. thesis,Middle East Technical University,2006.

[4] Morgan T. ,*How Do the Different Radar Modes of a Modern Fighter Aircraft Work*? Accessed 2021 – 02 – 02,2016. Online:https://tinyurl. com/radarmodes.

[5] Avionics Department,"Electronic Warfare and Radar Systems Engineering Handbook,"Naval Air Warfare Center Weapons Division,Tech. Rep. NAWCWD TP 8347,2013.

[6] Chairman of the Joint Chiefs of Staff,*Joint publication 3 – 09*:*Joint fire support*,2019. Online:https://fas. org/irp/doddir/dod/jp313 – 1. pdf.

[7] Zhou D. ,et al. ,"Battle Damage Assessment with Change Detection of SAR Images,"in *Chi-*

nese Control Conference, 2015.

［8］Basseville M. , and Nikiforov I. , *Detection of Abrupt Changes: Theory and Application*, Prentice – Hall, 1993.

［9］Choi S. , et al. , "A Case Study: BDA Model for Standalone Radar System(Work – In – Progress) , "*International Conference on Software Security and Assurance*, 2018.

［10］DoD Army, *Electronic Warfare Battle Damage Assessment*. Accessed 2021 – 02 – 02, 2014. Online: https://www. sbir. gov/sbirsearch/detail/872931.

［11］Yordanova V. , "Intelligent Adaptive Underwater Sensor Networks, " Ph. D. dissertation, University College London, London, UK, 2018.

［12］Benaskeur A. , Bossé E. , and Blodgett D. , "Combat Resource Allocation Planning in Naval Engagements, " Defence R&D Canada, Tech. Rep. DRDC Valcartier TR 2005 – 486, 2007.

［13］Garrido A. , Guzman C. , and Onaindia E. , "Anytime Plan – Adaptation for Continuous Planning, " in *UK Planning and Scheduling Special Interest Group*, 2010.

［14］Cushing W. , and Kambhampati S. , "Replanning: A New Perspective, " in *ICAPS*, 2005.

［15］Haigh K. Z. , and Veloso M. , "Planning, Execution and Learning in a Robotic Agent, " in *AIPS*, Summary of Haigh's Ph. D. thesis, 1998.

［16］Nourbakhsh I. , "Interleaving Planning and Execution, " in *Interleaving Planning and Execution for Autonomous Robots*, Vol. 385, 1997.

［17］Komarnitsky R. , and Shani G. , "Computing Contingent Plans Using Online Replanning, " in *AAAI*, 2016.

［18］Brafman R. , and Shani G. , "Replanning in Domains with Partial Information and Sensing Actions, " in *Journal of Artificial Intelligence Research*, Vol. 45, 2012.

［19］Ayan F. , et al. , "HOTRiDE: Hierarchical Ordered Task Replanning in Dynamic Environments, " in *Planning and Plan Execution for Real – World Systems*, 2007.

［20］Lesire C. , et al. , "A Distributed Architecture for Supervision of Autonomous Multirobot Missions, " *Autonomous Robots*, Vol. 40, 2016.

［21］Höller D. , et al. , "HTN Plan Repair Via Model Transformation, " in *Künstliche Intelligenz*, 2020.

［22］Chen C. , et al. , "RPRS: A Reactive Plan Repair Strategy for Rapid Response to Plan Failures of Deep Space Missions, " *Acta Astronautica*, Vol. 175, 2020.

［23］Beal J. , et al. , "Adaptive Task Reallocation for Airborne Sensor Sharing, " in *Foundations and Applications of Self Systems*, 2016.

［24］Buckman N. , Choi H. – L. , and How J. , "Partial Replanning for Decentralized Dynamic Task Allocation, " in *Guidance, Navigation, and Control*, 2019.

［25］Gerevini A. , Saetti A. , and Serina I. , "Planning Through Stochastic Local Search and Temporal Action Graphs, " *AI Research*, Vol. 20, 2003.

［26］Fox M. , et al. , "Plan Stability: Replanning Versus Plan Repair, " in *ICAPS* , 2006.

［27］Veloso M. , *Planning and Learning by Analogical Reasoning* , Springer Verlag, 1994.

［28］van der Krogt R. , and de Weerdt M. , "Plan Repair as an Extension of Planning, " in *ICAPS* , 2005.

［29］Bidot J. , Schattenberg B. , and Biundo S. , "Plan Repair in hybrid planning, " in *Künstliche Intelligenz* , 2008.

［30］Marsh G. , "Distributed Operations, " Air Force Research Labs, Tech. Rep. BAA – AFRL – RIK – 2016 – 0003 , 2015.

［31］Sutton R. , and Barto A. , *Reinforcement Learning: An Introduction* , Bradford, 2018.

［32］Sutton R. , Barto A. , and Williams R. , "Reinforcement Learning Is Direct Adaptive Optimal Control, " *IEEE Control Systems Magazine* , Vol. 12 , No. 2 , 1992.

［33］Ernst D. , et al. , "Reinforcement Learning Versus Model Predictive Control: A Comparison on a Power System Problem, " *IEEE Transactions on Systems, Man, and Cybernetics* , Vol. 39 , No. 2 , 2009.

［34］Görges D. , "Relations Between Model Predictive Control and Reinforcement Learning, " *IFAC – PapersOnLine* , Vol. 50 , No. 1 , 2017 , IFAC World Congress.

［35］Haigh K. Z. , et al. , "Parallel Learning and Decision Making for a Smart Embedded Communications Platform, " BBN Technologies, Tech. Rep. BBN – REPORT – 8579 , 2015.

［36］Rzhetsky A. , et al. , "Choosing Experiments to Accelerate Collective Discovery, " *National Academy of Sciences* , 2015.

［37］Jiménez S. , et al. , "A Review of Machine Learning for Automated Planning, " *The Knowledge Engineering Review* , Vol. 27 , 2012.

［38］Kotseruba I. , and Tsotsos J. , "A Review of 40 years of Cognitive Architecture Research: Focus on Perception, Attention, Learning and Applications, " *CoRR* , 2016.

［39］Nason S. , and Laird J. , "Soar – RL: Integrating Reinforcement Learning with SOAR, " *Cognitive Systems Research* , Vol. 6 , 2005.

［40］de la Rosa T. and McIlraith S. , "Learning Domain Control Knowledge for TLPlan and Beyond, " in *ICAPS Workshop on Planning and Learning* , 2011.

［41］Minton S. , et al. , "Acquiring Effective Search Control Rules: Explanation – Based Learning in the Prodigy System, " in *International Workshop on Machine Learning* , 1987.

［42］Yau K. – L. , et al. , "Application of Reinforcement Learning in Cognitive Radio Networks: Models and Algorithms, " *The Scientific World Journal* , 2014.

［43］Troxel G. , et al. , "Cognitive Adaptation for Teams in ADROIT, " in *GLOBECOM* , Invited, IEEE , 2007.

［44］Tsagkaris K. , Katidiotis A. , and Demestichas P. , "Neural Network – Based Learning Schemes for Cognitive Radio Systems, " *Computer Communications* , No. 14 , 2008.

［45］ Thornton C. ,et al. ,*Experimental Analysis of Reinforcement Learning Techniques for Spectrum Sharing Radar*,2020. Online:https://arxiv. org/abs/2001. 01799.

［46］ Galindo – Serrano A. ,and Giupponi L. ,"Distributed Q – Learning for Aggregated Interference Control in Cognitive Radio Networks,"*Transactions on Vehicular Technology*,Vol. 59, No. 4,2010.

［47］ Kulin M. ,et al. ,"End – to – End Learning from Spectrum Data,"*IEEE Access*,Vol. 6,2018.

［48］ Qu,Z. ,et al. ,"Radar Signal Intrapulse Modulation Recognition Based on Convolutional Neural Network and Deep Q – Learning Network,"*IEEE Access*,Vol. 8,2020.

［49］ Li M. ,Xu Y. ,and Hu J. ,"A Q – Learning Based Sensing Task Selection Scheme for Cognitive Radio Networks,"in *International Conference on Wireless Communications & Signal Processing*,2009.

［50］ Qu X. ,et al. ,"A Survey on the Development of Self – Organizing Maps for Unsupervised Intrusion Detection,"*Mobile Networks and Applications*,2019.

［51］ Haigh K. Z. ,et al. ,"Machine Learning for Embedded Systems:A Case Study,"BBN Technologies,Tech. Rep. BBN – REPORT – 8571,2015.

［52］ Haigh K. Z. ,et al. ,"Optimizing Mitigation Strategies:Learning to Choose Communication Strategies to Mitigate Interference,"in *Classified US Military Communications*,2013.

［53］ Haigh K. Z. ,Varadarajan S. ,and Tang C. Y. ,"Automatic Learning – Based MANET Cross – Layer Parameter Configuration,"in *Workshop on Wireless Ad hoc and Sensor Networks*,IEEE, 2006.

［54］ Haigh K. Z. ,Olofinboba O. ,and Tang C. Y. ,"Designing an Implementable User – Oriented Objective Function for MANETs,"in *International Conference On Networking*,*Sensing and Control*,IEEE,2007.

［55］ Haigh K. Z. ,et al. ,"Rethinking Networking Architectures for Cognitive Control,"in *Microsoft Research Cognitive Wireless Networking Summit*,2008.

［56］ Haigh K. Z. ,"AI Technologies for Tactical Edge Networks,"in *MobiHoc Workshop on Tactical Mobile Ad Hoc Networking*,Keynote,2011.

［57］ Haigh K. Z. ,et al. ,"Modeling RF Interference Performance,"in *Collaborative Electronic Warfare Symposium*,2014.

［58］ Haigh K. Z. ,"Learning to Optimize a Network Overlay Router,"in *Learning Methods for Control of Communications Networks*,2017.

［59］ Ma M. ,et al. ,"Ship Classification and Detection Based on CNN Using GF – 3 SAR Images,"*Remote Sensing*,Vol. 10,2018.

［60］ Wagner S. ,"SAR ATR by a Combination of Convolutional Neural Network and Support Vector Machines,"*IEEE Transactions on Aerospace and Electronic Systems*,Vol. 52,No. 6,2016.

［61］ Gao F. ,et al. ,"Combining Deep Convolutional Neural Network and SVM to SAR Image Target Recognition,"in *International Conference on Internet of Things*,IEEE,2017.

[62] Lattimore T. ,and C. Szepesvari,Bandit Algorithms,Cambridge University Press,2019.

[63] Slívkins A. ,*Introduction to Multi – Armed Bandits*,1 – 2. 2019,Vol. 12.

[64] Jouini W. ,Moy C. ,and Palicot J. ,"On Decision Making for Dynamic Configuration Adaptation Problem in Cognitive Radio Equipments:A Multiarmed Bandit Based Approach," *Karlsruhe Workshop on Software Radios*,2010.

[65] Liu. K. ,and Zhao Q. ,"Channel Probing for Opportunistic Access with Multichannel Sensing,"*Conference on Signals,Systems and Computers*,2008.

[66] Lu J. ,et al. ,"Dynamic Multi – arm Bandit Game Based Multiagents Spectrum Sharing Strategy Design,"in *Digital Avionics Systems Conference*,2017.

[67] Li H. ,Luo J. ,and Liu C. ,"Selfish Bandit – Based Cognitive Antijamming Strategy for Aeronautic Swarm Network in Presence of Multiple Jammer,"*IEEE Access*,2019.

[68] Amuru S. ,et al. ,"Jamming Bandits:A Novel Learning Method for Optimal Jamming,"*IEEE Transactions on Wireless Communications*,Vol. 15,No. 4,2016.

[69] ZhuanSun S. ,Yang J. ,and Liu H. ,"An Algorithm for Jamming Strategy Using OMP and MAB,"*EURASIP Journal on Wireless Communications and Networking*,2019.

[70] Takeuchi S. ,et al. ,"Dynamic Channel Selection in Wireless Communications via a Multiarmed Bandit Algorithm Using Laser Chaos Time Series,"*Scientific Reports*,Vol. 10,

[71] Jun K. – S. ,and Nowak R. ,"Anytime Exploration for Multiarmed Bandits Using Confidence Information,"in *ICML*,2016.

[72] Kleinberg R. D. ,"Anytime Algorithms for Multiarmed Bandit Problems,"in *Symposium on Discrete Algorithms*,2006.

[73] Besson L. ,and Kaufmann E. ,*What Doubling Tricks Can and Can't Do for Multiarmed Bandits*,2018. Online:https://tinyurl. com/doubling – mab.

[74] Even – Dar E. ,Mannor S. ,and Mansour Y. ,"Action Elimination and Stopping Conditions for the Multiarmed Bandit and Reinforcement Learning Problems," *Machine Learning Research*,2006.

[75] Besson L. ,Kaufmann E. ,and Moy C. ,"Aggregation of Multiarmed Bandits Learning Algorithms for Opportunistic Spectrum Access,"in *Wireless Communications and Networking Conference*,2018.

[76] Gagliolo M. ,and Schmidhuber J. ,"Learning Dynamic Algorithm Portfolios,"*Annals of Mathematics and Artificial Intelligence*,Vol. 47,2006.

[77] Svegliato J. ,Wray K. H. ,and Zilberstein S. ,"Meta – level Control of Anytime Algorithms with Online Performance Prediction,"in *IJCAI*,2018.

[78] Melo F. ,*Convergence of Q – Learning:A Simple Proof*,2007. Online:https://tinyurl. com/qlearn – proof.

［79］ Selvi E. ，et al. ，"On the Use of Markov Decision Processes in Cognitive Radar：An Applica-tion to Target Tracking，"in *Radar Conference*，IEEE，2018.

［80］ Wu Q. ，et al. ，"Reinforcement Learning – Based Antijamming in Networked UAV Radar Sys-tems，"*Applied Science*，Vol. 9，No. 23.

［81］ Alizadeh P. ，"Elicitation and Planning in Markov Decision Processes with Unknown Re-wards，"Ph. D. dissertation，Sorbonne，Paris，2016.

［82］ Regan K. ，and Boutilier C. ，"Regret – Based Reward Elicitation for Markov Decision Proces-ses，"in *Uncertainty in AI*，2009.

［83］ Efroni Y. ，Mannor S. ，and Pirotta M. ，*Exploration – Exploitation in Constrained MDPs*，2020. Online：https：//arxiv. org/abs/2003. 02189.

［84］ Taleghan M. ，and Dietterich T. ，"Efficient Exploration for Constrained MDPs，"in *AAAI Spring Symposium*，2018.

［85］ Tarbouriech J. ，and Lazaric A. ，"Active Exploration in Markov Decision Processes，"in *Arti-ficial Intelligence and Statistics*，2019.

［86］ Vlassis N. ，et al. ，"Bayesian Reinforcement Learning，"in *Reinforcement Learning. Adaptation，Learning，and Optimization*，Vol. 12，Springer，2012.

［87］ Ghavamzadeh M. ，et al. ，"Bayesian Reinforcement Learning：A Survey，"*Foundations and Trendsⓡin Machine Learning*，Vol. 8，No. 5 – 6，2015.

［88］ Mnih V. ，et al. ，"Human – Level Control Through Deep Reinforcement Learning，"*Nature*，Vol. 518，2015.

［89］ Lapan M. ，*Deep Reinforcement Learning Hands – On*，Packt，2018.

［90］ Maglogiannis V. ，et al. ，"A Q – Learning Scheme for Fair Coexistence Between LTE and Wi – Fi in Unlicensed Spectrum，"*IEEE Access*，Vol. 6，2018.

［91］ Kozy M. ，"Creation of a Cognitive Radar with Machine Learning：Simulation and Implementa-tion，"M. S. thesis，Virginia Polytechnic Institute，2019.

［92］ Zhang B. ，and Zhu W. ，"DQN Based Decision – Making Method of Cognitive Jamming A-gainst Multifunctional Radar，"*Systems Engineering and Electronics*，Vol. 42，No. 4，2020.

［93］ Kang L. ，et al. ，"Reinforcement Learning Based Antijamming Frequency Hopping Strategies Design for Cognitive Radar，"in *Signal Processing，Communications and Computing*，2018.

［94］ Bi Y. ，Wu Y. ，and Hua C. ，"Deep Reinforcement Learning Based Multiuser Antijamming Strategy，"in *ICC*，2019.

［95］ Ak S. ，and Brüggenwirth S. ，*Avoiding Jammers：A Reinforcement Learning Approach*，2019. Online：https：//arxiv. org/abs/1911. 08874.

［96］ Huynh N. ，et al. ，"'Jam Me If You Can'：Defeating Jammer with Deep Dueling Neural Net-work Architecture and Ambient Backscattering Augmented Communications，"*IEEE Journal on Selected Areas in Communications*，2019.

［97］Abuzainab N. , et al. , "QoS and Jamming – Aware Wireless Networking Using Deep Rein-forcement Learning," in *MILCOM*, 2019.

［98］Erpek T. , Sagduyu Y. , and Shi Y. , "Deep Learning for Launching and Mitigating Wireless Jamming Attacks," – *IEEE Transactions on Cognitive Communications and Networking*, Vol. 45, No. 1, 2018.

［99］Li Y. , et al. , "On the Performance of Deep Reinforcement Learning – Based Anti – Jamming Method Confronting Intelligent Jammer," *Applied Sciences*, Vol. 9, 2019.

［100］Ren P. , et al. , *A Survey of Deep Active Learning*, 2020. Online: https://arx-iv. org/ abs/2009. 00236.

第 8 章

数据管理

数据收集和管理是构建基于人工智能与机器学习系统最困难的部分。如图 8.1 所示,尽管数据收集和整理只是数据生命周期中的两个步骤,但其占 80% 的工作量,这也是构建所有机器学习赋能系统的经验法则。第 4 章介绍了从数据中进行推断和推理的相关步骤。本章阐述了如何从一开始就创建高质量的数据以及如何随着时间的推移保持数据质量的方法。

图 8.1 数据生命周期包括收集和处理数据,
循环处理的数据可更好地服务于多种目的

电子战面临的最大挑战之一是数据质量问题:原因包括数据管理不当,传统系统不记录数据而"丢弃"甚至故意销毁数据。数据通常要么不可用,要么未使用正确的元数据进行注释,要么不可信。在创建或使用数据集之前,应考虑以下问题:

（1）问题是什么？需要告知的决策是什么？任务是理解、预测、控制或不断适应？如果清楚这些问题，就可以对需要的东西有很大的选择性。有哪些数据可用？是否足够？是否多样化？是否可以收集更多？它使用什么格式？构建模型有助于确定数据缺失的位置。

（2）数据是如何整理的？它本质上是否有偏？它是否被对手操纵？如果知道数据来自哪里，就知道如何使用它。

系统需求很少体现对数据的要求，包括记录什么数据、如何标记数据或数据必须具有什么属性。

本章介绍如何收集和整理电子战数据的数据管理过程及在系统内使用电子战数据以获得预期结果的实践。欧洲安全局从关键安全系统的角度提出了许多与本章相同的观点[1]。

8.1　数据管理流程

数据"供应链"是人工智能/机器学习系统质量的关键驱动因素。该供应链包括数据的来源和可信性、完整性和可存储性。如果数据或其元数据质量低劣，机器学习会做出糟糕的推断，更严重的是不会意识到自己的不足。标注8.1概述了在进行实验和收集数据时要采取的关键动作。

标注8.1　在进行实验时建立清晰的语义并尽可能全面地注释所有内容。

用元数据注释所有数据，详细说明如何收集数据，包括位置、实验类型和参与者。其主要目的如下：

（1）确保合成数据和真实数据具有相同的结构。

（2）对一切进行版本控制，包括软/硬件、任务数据和情景配置。

（3）建立清晰的语义，以支持跨任务、跨平台及随时间推移的互操作性。

（4）确定所有假设，包括明确的假设和可能的隐含假设。若数据是合成的，则需要进行简化处理的假设条件。

（5）识别异常情况，如罕见的"边界"情况或有意构建利用弱点的对抗性示例。

元数据描述数据的信息，语义确定数据中概念的含义，可追溯性提供了数据完整性的结构。这些概念共同支撑了准确的推理和决策、实验复现性以及跨平台和跨时间共享数据。此外，这些概念在跨安全保证层级移动数据时是关键要求，它们使人们能够决定是否适合操纵数据，是否向用户授予访问权限，或者系统是否符合认证要求。表8.1总结了美国国防部数据资产管理的关键目标，这些目标可有效支持数据访问、可用性和管理工作。元数据、语义和可追溯性

也是数据管理的共同关注点。

表8.1 将数据作为战略资产进行管理的美国国防部数据战略的主要目标[2]

目标	开展进度衡量所需的能力
可见	可公开发布的;可用;元数据标准;编目;发布、搜索和发现数据的通用服务;政府根据实时可视化做出决策
可获取	标准 API;通用平台创建和使用数据;数据访问受到保护
可理解	保留语义;通用语法;元素对齐;编目
链接	可发现和可链接;元数据标准
可信	保护;谱系;谱系元数据;数据质量
可互操作	交换规范;元数据和语义;机器可读;跨格式的转换不会降低真实性;数据标记
安全	粒度特权;认证的标准;清晰的标记;授权用户

从工程角度来看,数据管理模块必须提供可以被其他模块直接使用的信息,包括数据融合、决策和用户界面。图8.2强调了支持互操作性和协作过程的关键概念。

图8.2 为了支持互操作性,态势估计和决策模块应产生可操作、可添加、可审核和平台无关的实际结果。这是概率管理中首先引入的概念[3]

8.1.1 元数据

元数据反映有关实验和数据集的所有信息,这些信息不是数据集的固有部分,它是有关数据创建者、内容、地点、原因和时间的信息。高质量元数据是认知电子战系统的重要基础,它支持以下任务:

(1)准确的根源或基本事实分析:评估认知电子战系统需要知道实际发生了什么,如知道数据包冲突是有意的还是意外的。类似地,对于特定辐射源识别任务,记录发射机到接收机的距离可以让实验者能够知道特定辐射源识别模型使用了发射机的潜在特征而不是接收到的功率。

(2)实验复现性:评估系统精度需要调整实验条件、重新实验或机器学习模型的互相校验。例如,系统可以评估通过频率或循环平稳进行信号分离的收益。

（3）元分析：评判数据质量需要用到待分析数据集的分布、完整性和系统偏差等特征。结合已有独立数据集特征构建复杂情景需要理解它们的出处及关联关系。元分析还支持对数据完整性进行评判，以确保传入或存储的数据真实完整。

（4）面向未来：减少"位衰减"需要记录实验的细节，即使在设备或软件发生变化时它也很有用。

（5）互操作性：跨平台或工具重用信息需要对所有收集的、衍生的或推断的知识进行适当标记。

（6）任务重用：了解数据收集的目的可以让开发人员评估数据集是否可以用于其他目的。例如，为波形分类目的收集的数据集不太可能对特定辐射源识别或节点被干扰状态判断有用。反过来可能就不正确，特定辐射源数据可能对波形分类非常有用。同样，知道哪个接收机为特定辐射源识别记录了哪些数据可以开发与接收机无关的模型。

（7）数据共享：出于研究和应用目的与其他组织共享数据可以实现任务协同并促进合作研究。元数据有助于决定如何授予对敏感数据的访问权限。

（8）供应链评估：了解数据的起源和可信性可以让电子支援做出正确的推断，让电子防护/电子进攻/电子战作战管理做出正确的决策，让系统设计人员决定是否使用数据。因为可在数据传输链条的任何一点对数据进行操纵，如通过硬件、软件，在传输过程中或存储过程中。

开发认知电子战系统的障碍包括数据收集、标记不当和数据不共享。好的元数据有助于消除这些障碍。除支持新任务数据的完整性、偏差和适当性之外，元数据还支持对认知电子战系统的评估。

元数据应注释数据集的宏特征，如版本、作者和收集日期，以及情景的目的和目标。合成数据和真实数据应该具有相同的结构。元数据可注释的数据集的全局特征包括：①任务类型和顺序；②流量类型和模式；③位置（如室内外、实验室、消声室、GPS坐标和地形）；④条件（如天气、移动性和农村/城市）；⑤实验设计（如受控或"在自然环境下"）；⑥实验情景（如辐射源数量及其类型/角色）；⑦硬件和软件组件（如版本、功能和测量误差）；⑧生成/收集方式（如通过网络、机载或合成（和软件））；⑨数据集内部和数据集之间的依赖性；⑩收集协议（如连续或零星实验、重置或持久配置）；⑪明确假设和可能的隐含假设，特别是对合成数据进行化简的假设。

注释越详细，数据对于不同情景就越有用。在最初的收集过程中，某电缆将电台 C 内部的 A 部分连接到 B 部分这样的细节可能显得多余或过于详细,但拥有此记录便于将来进行分析和重用。诸如数据是以二进制、整数、定点还是 n 位浮点形式的详细信息可以帮助其他人立即分辨数据是否适用于他们的情况。例如,许多公共数据集以浮点形式记录,与 FPGA 不兼容。

图 8.3 给出了一个复杂的空中交通管制雷达概念示例。最终的空中交通管制显示屏汇集了许多不同来源的信息,包括地面移动雷达(surface - movement radar, SMR)、机场监视雷达(airport - surveillance radar, ASR)、机场周围的多点定位传感器、自动相关监视广播(automatic dependent surveillance - boadcast, ADS - B)传感器和飞行计划数据。

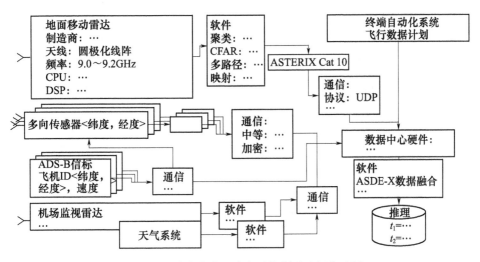

图 8.3　一个复杂的空中交通管制雷达概念示例

每个飞行轨迹都通过一个由互联组件组成的复杂网络推断得到。多个平台收集不同类型的原始数据,进行中间值推断,并将其传递给其他平台。不同的数据格式、通信媒介和通信协议将推断汇集到一起,从而得出支持告警系统和空中交通管制的最终航迹。这个复杂系统的每一部分(包括硬件、固件、软件、通信、显示器),都必须经过认证以满足航空安全标准,因为每一部分都会影响最终推断的准确性以及利益相关者对该系统的信任程度。数据记录的详细程度会影响数据分析和故障识别的难易程度。

(9)标注一切:由人类观察者和软件组件所做的所有观察和结论,如发送的目的、做出的推断,以及硬件连续使用变热后造成的不同效应。识别异常情况特别有用,如罕见的"边界"情况、特意构建利用弱点的对抗情况。

（10）版本控制一切：软件和硬件配置、定制和任务情景。这个要求的重要性再怎么强调都不为过。

认知雷达需要一种评估和确保其知识来源可靠性的方法：既包括通过访问数据库提供的过去知识来源，也包括通过作战经验获得的知识。这不仅包括考虑存在欺骗的可能性，而且包括考虑数据的有效性是否随着时间的推移而降低。

—Gürbüz 等,2019[4]

美国东北大学的射频指纹识别项目针对综合实验提供了元数据的示例[5]。元数据包括了原始数据集、预处理步骤、模型架构，以及数据训练和测试方法的描述，如表 8.2 所列。为了评估射频指纹并确保实验的可重复性，美国东北大学记录了每个实验的细节[5]。每个实验组件都有相关参数，如切片组件从可配置的部分数据中随机选择示例。根据这种结构，给定的实验可以评估信道效应的影响、每个猝发的 I/Q 样本数以及信号起始是否影响结果。通过使用标签表示训练集（包含发射机 $1,2,\cdots,k$）和测试集（包含发射机 $k+1,\cdots,n$），可以评估发射机多样性对识别新型辐射源的能力的影响[6]。

表 8.2　美国东北大学记录每个实验的详细特征以确保实验的可重复性[5]

预处理	模型	学习任务
带通滤波 部分均衡切片	完整的人工神经网络架构 （如层、激活函数、批归一化和丢弃） 优化器（类型、指标、损失） 训练平台（CPU、GPU）	评估情景 训练过程（批次、周期、归一化、停止等） 训练群体（设备、#示例等） 验证群体 实验群体 结果（准确性、计时等）

理想情况下，原始数据本身应记录每个发射机和接收机的详细信息，包括时间同步传输情况等。这些详细信息有助于分析移动性、发射机与接收机链路以及同步信号的影响。

时间是忠实记录的最重要特征之一。

当时间记录不准确时，人工智能技术恢复信息变得非常具有挑战性。例如，与脉冲群中单个脉冲的达到时间（time of arrival,TOA）相比，脉冲群的概要信息可能具有不一致的 TOA。

元数据也应该包括详细的硬件布局和软件版本。现有人工智能系统还缺乏了解自身局限性的能力,一个主要原因是关键信息会在处理链中丢失。例如,虽然系统积分器知道雷达系统的角度和距离测量误差,但人工智能系统尚不能获得这些信息。如果元数据反映了原始测量值的不确定度,软件模块(尤其是数据融合)就可以估计最终推断的误差和置信度。

图8.4描述了基本的单一通用软件无线电外设(universal software radio peripheral,USRP)的配置,以展示通用软件无线电外设硬件驱动程序(USRP hardwaredriver,UHD)和基于 FPGA 的应用程序的位置。服务器端提供了几个可以与通用软件无线电外设硬件驱动程序交互的选项,其中使用底层 C/C + + 代码具有最佳性能,但需要从头开始编写所有信号处理模块。GNU Radio 包(C/C + + 或 Python)能很快使用,但可能达不到同样的处理性能。在通用软件无线电外设方面,射频片上网络(RF network on chip,RFNoC)实用程序可用于创建 FPGA 应用程序以支持一些基于 FPGA 的处理。通用软件无线电外设硬件驱动程序的软件应用程序编程接口(application programming interface,API)支持所有基于通用软件无线电外设的软件无线电(software - defined radio,SDR)产品的应用开发[7]。使用通用软件应用程序编程接口提高了代码的可移植性,允许应用程序在必要时无缝地移植到其他基于通用软件无线电外设的软件无线电平台。它通过允许用户保留和重用其可移植代码来减少开发工作,以便开发者可以专注于新算法的开发。

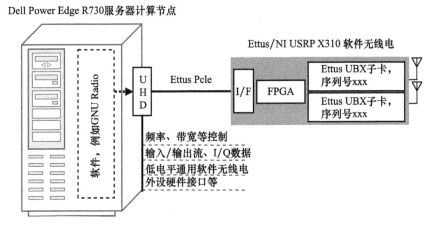

图 8.4　元数据应包含通用软件无线电外设结构中的硬件、
固件和软件详细信息(如版本和序列号)

8.1.2 语义

完善的数据语义是支持互操作性、任务重用和数据共享等任务的关键部分,支持跨系统和随着时间的推移重用数据。由于软件、硬件、平台和任务等的不断发展,数据集也会不断增长。

本体和模式是两个反映数据语义的正交概念。本体是描述概念含义的词典,模式是反映数据的格式。

本体表示语义的信息,是术语和类别的形式化命名和定义,用于描述问题领域的概念、数据和实体以及它们之间的关系。领域本体关注问题领域,而过程本体则描述处理链中涉及的步骤和约束,如认知无线电[8-10]和雷达[11]本体。每个本体的重点都略有不同,如软件无线电论坛的本体[8]侧重于自适应调制,而 Cooklev 和 Stanchev 的本体[10]支持无线电拓扑。Web 本体语言(Web ontology language,OWL)通常用于描述本体[12],而 Protégé 编辑器用于创建和操作本体[13]。本体开发的主要挑战是仅为必要的任务开发本体,因为很容易对本体进行过度设计并提出永远不会使用的概念。

形式本体对于任务来说可能是多余的,但是它能建立一个不被误解的清晰语义。

信号元数据格式(signal metadata format,SigMF)[14-15]是 GNU Radio 语言采用的开放标准模式。它记录有关样本集合的一般信息(如目的、作者、日期)、用于生成样本的系统特征(如硬件、软件、情景)以及每个信号的特征(如中心频率和时间戳)。基本格式有多种扩展。例如,天线格式包括型号、频率范围和增益等信息,而 Wi-Fi 扩展添加了帧和数据包的信息。Python 库 sigmf 使信号元数据格式易于使用。

信号元数据格式支持使用标注定义注释,如它是否被故意注入的,或者它是如何被机器学习模型分类的。算法 8.1 是一个示例。美国东北大学的 GEN-ESYS 实验室为基于 USRP X310 的射频指纹识别项目提供了两个 SigMF 兼容数据集[16]。

VITA-49 是一种用于通过数据传输[17-18]发送射频样本的补充标准,它专为数据传输而非长期存储设计。数据包的类型包括情景、信号数据和控制。

谷歌公司的开源协议缓冲器序列化并共享结构化数据[19]。缓冲器的紧凑性提升了简单性和性能(特别是对于网络通信)并保持向后兼容性。然而它不是自描述的,因为其数据结构是面向外部的。简单对象访问协议(simple object access protocol,SOAP)[20-21]是一种自描述(因此不太紧凑)的数据格式。

算法8.1 信号元数据格式记录有关采集、系统特征和每个信号特征的信息。以下示例由文献[15]中的 README 的代码生成:

```json
{
    "global":{
        "core:author":"jane.doe@ domain.org",
        "core:datatype":"cf32_le",
        "core:description":"All zero example file.",
        "core:sample_rate":48000,
        "core:sha512":"18790c279e0ca614c2b57a215fec...",
        "core:version":"0.0.2"
    },
    "captures":[
        {
            "core:datetime":"2020-08-19T23:58:58.610246Z",
            "core:frequency":915000000,
            "core:sample_start":0
        }
    ],
    "annotations":[
        {
            "core:comment":"example annotation",
            "core:freq_lower_edge":914995000.0,
            "core:freq_upper_edge":915005000.0,
            "core:sample_count":200,
            "core:sample_start":100
        }
    ]
}
```

8.1.3 可追溯性

从安全角度和学习/推理角度来看,可追溯性是确定数据完整性的必要组成部分。可追溯性有以下两个关键点:

(1)系统必须确保数据在获取、分析、传输或存储过程中不被损坏。

（2）系统必须在数据经过硬件、固件、软件、通信和不同人之间传递时跟踪数据的起源和可信性情况。

数据起源记录了数据的来源，而其可信性则反映来源的可靠性，即数据是否如实表达了它应该表达的内容。虽然起源和可信性通常被视为网络安全问题，但也适用于数据收集问题。事实上，如果系统能够确定数据是被故意操纵的，那么它可以比数据收集不及时或不完整时更准确地进行补偿和分析。

永远不要把无能足以解释的事情归咎于恶意。

—Robert Hanlon, 汉隆剃刀思维模型

良好的数据收集和整理是创建可信数据的第一步，数据的每次转换也会改变其可信性。例如，数据融合可以融合来自多个低可信性来源的信息，从而得出可信性相对较高的结论。另一个示例是通过融合分类器的预测和无人机的监视数据来改进雷达辐射源信号识别和分类，其中监视可以提供视觉目标确认及其位置，进一步提高数据预测的可信度。

可追溯性能够支持电子支援中的数据融合形成正确的结论（4.3节），并支持决策算法正确管理信息不确定性（6.1.4节）。可追溯性还可以追踪异常和错误的来源，进而更换组件并取得更好的结果。

8.2　策展和偏差

数据策展是验证、组织和集成数据的活动。策展有助于保证数据的高质量，进而支持系统从中得出高质量的结论。策展的目标是消除数据偏差，提高数据质量。几乎所有数据集都是有偏差的，因为它们不能准确地反映模型的全部用例，从而导致结果偏差、准确度低和分析错误。例如，偏差可能会导致雷达跟踪错误，并为同一目标生成多个轨迹。常见的数据偏差形式包括以下几种：

（1）样本或选择偏差：样本不能反映数据的潜在概率分布。此问题是错误的实验设计（缺少关键示例）或示例丢失的环境因素造成的。例如，由于波导和表面波的作用，信号在陆地上的传播与在海水中的传播大不相同，因此实验和数据收集必须弥补这些因素造成的偏差。

反馈循环（如强化学习创建的回路）会加剧选择偏差。例如，电子对抗技术的每次成功使用都会增强使用相同或类似技术的意愿，进而沿着梯度逐步达到

局部最优。不考虑主动学习和保持多样性,系统可能会陷入局部最优,永远无法达到全局最优。

(2)类偏差:数据偏向一组特定的类别。数据涵盖射频信号的信息(如频率、调制和协议)越全面,学习模型就越有可能提取射频的所有潜在特征,而不仅仅是太小数据集中的少量特征。但是,对于给定类型射频信号的专用模型是合适的,并应该这样标记。

(3)排除偏差:收集后从数据中排除示例,通常在数据预处理期间。例如,如果系统仅记录"感兴趣"辐射源或高于/低于特定信噪比阈值的辐射源的数据,则关键示例将丢失。电子战系统中的一种常见结构是,遗留系统将对它知道的东西起作用,只转发它不知道如何处理的数据。这个模型成为一个重大的挑战,因为认知结构只接收到"碎片",没有足够的历史或信息来得出准确的结论。

(4)测量偏差:校准错误、传感器偏差或配准错误、测量错误、错误标记的示例、遗漏变量或为训练与推理收集的数据之间的差异。例如,空间配准错误将导致虚假雷达航迹。

数字信号处理(digital signal processing,DSP)中的重采样会导致显著的测量偏差。如果对原始数据进行降采样以满足数字信号处理的计算或内存要求,它可能不会丢失重要的特征。但是如果抽取数据违反了奈奎斯特采样准则,则混叠会造成无法在后续阶段进行纠正的数据失真。

(5)回忆偏差:一种错误标记,其中类似的示例会收到不同的标签。在随时间演变的动态系统中,这是一个常见问题。领域可能会改变,概念可能会漂移。

如果更换组件,标签的含义可能会改变。例如,通过循环平稳处理方法分离的信号将具有与通过频率分离的信号不同的特性。保持元数据可以确保这些含义能够被正确解释。

(6)观察或确认偏差:基于预期结果而非实际结果的标签。该问题的一个常见原因是系统无法识别新示例(如新调制)并将其分类归属于最相似的已知示例。单源错误同样会造成数据针对该特定源的效应进行编码的风险,如当数据由单个接收机收集时。

系统偏差不同于噪声,噪声是领域的随机变化。噪声比偏差更容易被测量和校正。虽然从存储的数据中去除噪声的想法很诱人,但特定的噪声消除技术本身可能存在偏差。一般来说,数据集应包含噪声,以减少过拟合。事实上,数据增强会有意添加噪声(8.3.3 节)。通常期望的是训练数据中的噪声分布将匹配推理[22-23]过程中的噪声分布,并应进行验证[1]。

然而噪声也是导致分类错误的一个主要原因,因为模型学到了噪声而不是信号的本质特征。正则化、多样性和交叉验证是确保用噪声改善模型质量的良好技术。

8.3　数据管理实践

任务中和任务后的数据管理是在实践中达到预期结果的基础。在算法开发和任务中的数据管理要求是不同的。在开发过程中,数据库具有较少的空间和时间限制,因此应进行全面和详细的标注。

在嵌入式系统中必须考虑空间和时间限制。数据多样性确保了高效的内存使用和快速计算,同时达到了期望的模型质量。数据增强是确保数据多样性的好方法,在应对对抗性环境方面特别有效。遗忘不相关的数据有助于确保模型与当前态势的相关性。最后,数据安全确保数据私密性。

8.3.1　嵌入式系统中的数据

与服务器群中的大型数据计算系统相比,嵌入式系统中的数据管理具有不同的要求。例如,许多电子战系统在战术边缘运行,那里的通信受限甚至无法通信,因此存储和计算必须严格是本地的。

控制数据集的大小可以解决内存使用和计算时间这两个问题。BBN SO[24](示例7.1)使用固定长度的循环缓冲区保持内存中数据的多样性并遗忘旧数据。它将所有数据记录在持久性存储中,以供后续的任务使用,但这些数据不会被实时访问。BBN SO 存储 k 个实例,每个实例具有 $\bar{o}_n + \bar{c}_n + \bar{m}_n$ 个特征,每个特征是一个 8 位整数。它计算实例两两之间距离的点积,并存储为三角矩阵,大小为 $0.5k^2$。为了提高存储和计算效率,三角矩阵是一个固定大小且使用索引算法的一维数组[25],其中 $x[i;j]$ 的索引为 $0.5i(i+1)+j$。该相似矩阵是数据多样性、模型计算和主动学习实验管理的基础。矩阵大小是受控且事先已知的,可以调整以适应平台上的可用内存。

控制数据集的大小可确保满足内存限制并缩短计算时间。较小的数据集触发缓存未命中惩罚的可能性较小,使用较小的数据集训练模型的速度更快。

8.3.2　数据多样性

在内存有限的嵌入式系统中,尽可能高效地使用可用内存至关重要。生成具有良好泛化性的模型的关键之一是确保数据的多样性。训练数据的多样性确保数据包含足够的信息以识别重要特征,即最大化数据中包含的信息量。数据应包括边缘情况和对抗性示例。数据多样性的目标是让模型构建高质量的抽象表示。泛化越好,模型就越有可能在新环境中表现良好。此外,多样性有助于防止对抗性攻击,如数据增强相关文献(8.3.3 节)所示。

数据集不需要很大,但必须多样化。

三种不同射频环境中三种不同策略各自的三个示例(共 27 个示例)远比一种射频环境中一种策略的 100 万个示例有用,尽管对该环境的每次观察都会略有不同。图 8.5 显示了 27 个点,尽管示例很少,但很明显这些示例比单个策略或单个环境的许多示例更好地刻画了性能曲面。通过维护一个多样化的数据集,即使示例有限,学习到的模型也可以具有良好的性能。

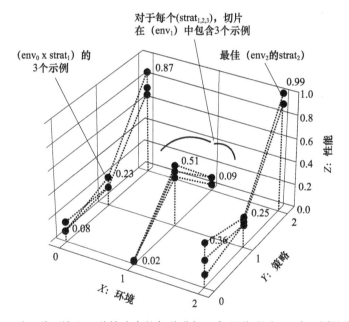

图 8.5　对三种环境和三种策略中的每种进行三次观测,得出 27 个不同的训练点(人工数据)。一个环境相当于一组可观测向量 o,一个策略相当于一组可控量 c(图 4.5 显示了真实环境中的几个二维环境"切片",显示了一些没有观测值的环境,其中模型根据类似特征进行了泛化)

计算多样性的一种简单有效的方法是样本之间的成对点积。当一个新的观测值出现时,计算它与内存中已有的样本之间的距离。如果该距离为零,那么它对于现有知识来说是完全冗余的。可能仅需要在可观测量之间、可观测量和策略之间,或可观测量、策略和指标之间进行点积计算,具体取决于预期用途。例如,计算射频环境(2.1.1 节)仅使用可观测量,而管理不同的训练数据集还需要使用策略和指标。

Mirzasoleiman 等[26]开发了一种严格的方法从完整训练数据 V 中选择一个小子集 S。数据的核心集是一个加权子集 S,它最接近 V 的完整梯度,可以使用快速贪心算法有效地找到它。在每步中,贪心算法都会选择最大限度降低估计误差上限的数据。估计总梯度的最大误差 ε 的最小子集 S 的大小取决于数据的结构特性。该算法在保持泛化精度的同时显著缩短了训练时间。

多样性非常重要,合成的多样性数据比非多样性的实际数据集能产生更好的结果。从本质上讲,虽然合成值不能反映真实环境的复杂性或自然噪声,但它们增加了可供推理所用的知识广度。实际数据集天然是不平衡的,而战斗模式的保密性加剧了这种不平衡。合成数据可以帮助"引导"学习过程。11.2.3 节介绍了几种射频数据生成工具。以下为几个展示数据多样性影响的示例:

(1)消融试验,表明使用最多样化的数据集训练模型可以得到对新环境的最佳泛化效果(10.2 节)。

(2)"伪类"导致类之间相互排斥,从而学习得到的模型能够选择更具辨别力的特征[27]。

(3)多样化小批量随机梯度下降(diversified minibatch stochastic gradient descent,DM – SGD)构建了相似矩阵,以抑制同一训练小批量中相似数据点的共存[28]。该方法为无监督问题生成了更多可解释和多样化的特征,并为有监督问题带来了更高的分类精度。

(4)凸直推式实验设计(convex transductive experimental design,CTED)[29-30]采用了多样性正则化器,以确保所选样本的多样性。该方法排除了具有冗余信息的高度相似样本,效果始终优于其他主动学习方法。

(5)信息量分析使用成对梯度长度[29]作为信息量的衡量标准,多样性分析强制对得到的不同梯度角度施加约束。实验验证了该方法的有效性和效率。

(6)熵测量和管理[31]控制了样本外误差。熵越高的解决方案误差越小,应对新情况的能力越好。

数据多样性和不确定性是在主动学习中选择实验的主要考量[32-33]。

8.3.3　数据增强

数据增强是实现数据多样性的有效方法之一。数据增强是使机器学习从业者在不需要收集真实新数据情况下增加训练数据多样性的技术。数据增强技术包括向现有数据集添加已存在数据的稍加修改的副本或通过现有数据合成新的数据。

数据增强与数据分析中的过采样概念密切相关,可以减少学习模型训练阶段的过拟合[34]。填充、裁剪、翻转和更改亮度是图像处理中常用的数据增强技术。

数据增强技术必须反映数据的不变性,即无论测量条件如何变化都保持不变的数据特性。例如,改变飞机俯仰、偏航或翻滚状态,飞机的表面积保持不变,飞机的表面积表现出旋转不变性。数据增强可确保模型针对这种数据不变性进行训练。

Chung 等[35]提出了一种使用相关分析、动态桶化、未知计数估计和未知值估计来检测样本、类别和弥补偏差的方法,并使用处理结果来扩充数据。

可观测量和指标中可能存在噪声。许多数据增强方法的共同思路之一是向数据集添加噪声。通过将结构化噪声注入特征[36-41],模型精度得以提高。高斯噪声是最常见的噪声类型。噪声具有正则化效果,可以提高模型的鲁棒性。添加噪声意味着网络不太能够记住训练样本,从而使得网络权重更小及低泛化误差网络更稳健。在添加噪声时需要考虑以下五个准则:

(1)在添加噪声之前对数据进行归一化。

(2)仅在训练阶段添加噪声。

(3)噪声可以添加到输入数据特征中。

(4)噪声可以在训练前添加到输出中,特别是在连续目标值的回归任务中。在能够从输出中去除噪声的情况下可以获得更好的结果[42]。

(5)噪声可以添加到激活函数、权重或梯度中[37]。

Soltani 等[43]提出了一种用于训练阶段的数据增强技术,该技术将射频指纹识别深度网络置于原始数据集中不存在的许多模拟信道和噪声变化中。Soltani等提出了两种数据增强方法:一种用于发射机数据(无数据失真的纯净信号);另一种用于接收机数据(无源、可用的空中辐射信号)。结果表明,对发射机数据和接收机数据进行数据增强后,射频指纹识别性能分别提高了 75%、32% ~51%。

Sheeny 等[44]提出了一种基于雷达信号测量特性的雷达数据增强技术。他们的模型在非增强数据的情况下仅实现了 39%的精度,在进行数据平移和图像镜像处理的情况下实现了 82%的精度,在使用信号衰减、分辨率随距离变化、斑点噪声和背景偏移增强雷达特性数据的情况下实现了 99.8%的精度。

数据增强不需要了解射频频谱。Huang 等[45]使用旋转、翻转和高斯噪声来提高无线电调制识别的分类精度。使用较短的无线电样本可以成功地对调制进行分类,从而简化深度学习模型并缩短推理时间。他们还指出,在较低的信噪比下数据增强可以提高分类精度。数据增强还有助于抵御对抗性攻击。文献[46-47]利用数据增强技术所构建的良好数据样本训练模型,使之能够防御白盒攻击(对手知道模型的一切)、黑盒攻击(对手一无所知)和灰盒攻击。

生成对抗网络(generative adversarial nets,GAN)[48]已成为在对抗性样本生成和模型训练中广泛使用的方法。GAN 的一个主要优点是不需要任何关于射频特性的信息。对抗性训练技术在竞争中针对判别网络设置生成网络,生成网络的目标是欺骗判别网络。生成网络创建了人工数据,旨在利用判别模型的弱点。一种著名的 GAN 用于生成实际中不存在的名人照片[49],人类无法将这些"照片"与真实的照片区分开来。GAN 提高了分类任务的准确性,如调制识别[50-51]和雷达目标识别[52]。GAN 也已用于信号欺骗和合成新的调制方式[53-54]。

8.3.4　数据遗忘

与数据增强相对应的是数据遗忘。故意从训练数据集中删除数据有多种原因,如内存有限、信息不准确和类别不平衡。数据遗忘的关键问题是防止某个类别内的信息全部丢失,无论是射频环境还是策略,即保持数据集的多样性。

在任务期间,当内存和计算时间有限时,从内存的训练数据集中选择删除样本的简单方法包括以下四种:

(1)距离:删除与其他项(可观测量、策略和指标)非常相似的数据。

(2)类不平衡:删除表现良好的数据,该数据比其他类有更多的样本。

(3)保真度:删除用于引导学习算法的数据,如来自合成数据或在相似但不同的平台上收集的数据。

(4)时间:删除最旧的数据,这是一种对不断变化的任务条件做出响应的方法。

任务中收集的所有数据都可以持久存储以便进行任务后分析,分析缺失数据(如缺少可观测量导致无法解释的性能)、跨系统和任务的模式(如某些只在单个节点短暂可见但在整个组中经常可见的现象)与最佳实践(如不同的数据管理方法)。

永久丢弃数据往往是不合理的,即使数据可能会随着时间的推移而降低价值,但当对一组条件一无所知时,旧的知识可以帮助引导系统,这种知识转移加速了在新条件下的学习。良好的元数据记录了数据的历史和情景,任务前分析可以使用这些数据来帮助决定在未来任务中使用哪些数据进行训练。不能为了追求安全而有意破坏数据,应找到保护数据的适当方法。

8.3.5　数据安全

数据存储中的一个常见问题是数据敏感性,特别是对于分类数据集。系统必须保护数据(使对手无法重建原始数据)和模型,以便对手无法确定系统漏洞。

差分隐私(differential privacy,DP)是隐私的数学定义,用于确保免受隐私攻击[55]。差分隐私具有能够分析保护措施[56]的能力,包括隐私损失的量化、群体隐私、对后处理的免疫,以及对多个计算的组合和控制。

有多种方法来实现差分隐私,大多数涉及对原始数据集的修改。对数据集进行匿名化可提供隐私保护,并有助于向其他机构共享数据。以下是实现差分隐私的方法:

(1)标签匿名化:给特征(可观测量、可控量和指标)匿名名称(如"音频干扰"变成"环境#1","陷波滤波器"变成"技术#1")。匿名标签的优势在于决策者无法利用标签本身的语义含义。换句话说,人工智能不知道所讨论的特定数据集,支持相同的代码移植到不同的功能、平台和任务。

(2)归一化:在固定范围内归一化数据,如 int8 表示 −128～127。此外,大多数学习模型都期望数据被归一化,以便值大的特征不会掩盖值小的特征。当使用归一化数据进行训练时,模型泛化效果更好。

(3)泛化:舍入并降低数据的精确度。

(4)离散化:用离散标签替换值的范围。

(5)微扰:使用用于修改值的均匀函数替换值。若合适,则添加噪声。

还有一些方法可以学习保护隐私的模型。它们的目标是构建一个不会显示原始训练数据特征的模型,同时仍确保任何基于特定数据的推理结果不会改变。学习保护隐私的模型时必须考虑以下事项:

(1)系统在全加密数据[57-62]上学习模型并输出加密结果。

(2)系统对敏感数据进行划分并训练一组"教师"模型,然后使用未标记的非敏感数据训练了一个"学生"模型来模仿集成[63]。

(3)联邦学习系统将训练数据拆分到多个节点,在中心位置组合模型参数构建混合模型,再重新分配回节点[64]。每个节点仅根据自己分得的训练数据进行学习,而中心模型永远不会见到原始数据。

比较有效的安全措施需要多个层次,包括标准的网络安全方法,其中重要一层是保护模型和数据,以保护信息隐私,即使模型本身受到损害。

8.4 小 结

尽管有相反的观点,但实际上系统不需要大型数据集就可以实现有效学习。管理数据集以保持多样性是创建能够应对新情况(训练样本外)和抵抗对手攻击的高质量泛化模型的最有效方法。较小的数据集还具有缩短计算时间的好处。

优秀的数据工程师会确保数据是高质量的且可以在不同的平台、不同的任务和随着时间的推移重用。尽管详细的交互和用例开发确保了电子战界和人工智能界使用相同的语言并具有相同的目标[65],但还必须解决两个研究领域之间的其他问题。详细的元数据对高质量的决策和基本事实分析提供了支撑,从而使系统能够在最后推理时了解源自前面各阶段的错误。

垃圾进,垃圾出。

——*The Impact of Computerson Accounting*,Thomas McRae,1964

生活就像下水道,你能从那里掏出啥,取决于你扔进去啥。

——*We Will All Go Together When We Go*,Tom Lehrer,1959

参考文献

[1] Cluzeau J. ,et al. ,*Concepts of Design Assurance for Neural Networks(CoDANN)*,European U-nion Aviation Safety Agency. Online:https://tinyurl. com/CoDANN – 2020.

[2] US DoD. (2020). "DoD data strategy. "Accessed 2020 – 10 – 08 ,Online:https://tinyurl. com/dod – data – strategy – 2020.

[3] Savage S. ,and Thibault J. ,"Towards a Simulation Network,"in *Winter Simulation Confer-ence*,2015.

[4] Gürbüz S. ,et al. ,"An Overview of Cognitive Radar:Past,Present,and Future,"*IEEE Aero-space and Electronic Systems Magazine*,Vol. 34 ,2019.

[5] Tong J. ,et al. ,"Deep Learning for RF Fingerprinting:A Massive Experimental Study,"*Inter-net of Things(IoT) Magazine*,2020.

［6］ Youssef K. , et al. , *Machine Learning Approach to RF Transmitter Identification* ,2017. Online：https://arxiv. org/abs/1711. 01559.

［7］ Ettus Research. (2020). "UHD(USRP Hardware Driver) ," Online：https://www. ettus. com/sdr – software/uhd – usrp – hardwaredriver/.

［8］ Li S. , et al. , *Now Radios Can Understand Each Other：Modeling Language for Mobility* ,Wireless Innovation Forum. Ontology from May 08 ,2014 on https://www. wirelessinnovation. org/reference – implementations/.

［9］ Li S. , et al. , "An Implementation of Collaborative Adaptation of Cognitive Radio Parameters Using an Ontology and Policy Based Approach ," *Analog Integrated Circuits and Signal Processing* ,Vol. 69 ,No. 2 – 3 ,2011.

［10］ Cooklev T. , and Stanchev L. , "A Comprehensive and Hierarchical Ontology for Wireless Systems ," *Wireless World Research Forum Meeting* ,Vol. 32 ,2014.

［11］ Horne C. ,Ritchie M. , and Griffiths H. , "Proposed Ontology for Cognitive Radar Systems ," *IET Radar ,Sonar and Navigation* ,Vol. 12 ,12 2018.

［12］ World Wide Web Consortium(W3C). (2020). "Web Ontology Language(OWL). "Accessed 2020 – 11 – 07 ,Online：https://www. w3. org/OWL/.

［13］ Musen M. , "The Protégé Project：A Look Back and a Look Forward ," *ACM SIG in AI* ,Vol. 1 , No. 4 ,2015.

［14］ Hilburn B. , et al. , "SigMF：The Signal Metadata Format ," *in GNU Radio Conference* ,2018.

［15］ GNU Radio Foundation. (2020). "Signal Metadata Format(SigMF). "Accessed 2020 – 10 – 31 ,Online：https://github. com/gnuradio/SigMF.

［16］ Sankhe K. , et al. , "ORACLE：Optimized Radio Classification Through Convolutional Neural Networks ," in *INFOCOM* ,Dataset available at https://genesys – lab. org/oracle ,2019.

［17］ Cooklev T. , Normoyle R. , and Clendenen D. , "The VITA 49 Analog RF – Digital Interface ," *IEEE Circuits and Systems Magazine* ,2012.

［18］ VMEbus International Trade Association(VITA). (2020). "Vita：Open Standards. "Accessed 2020 – 10 – 31 ,Online：https://www. vita. com/.

［19］ Google. (2020). "Protocol Buffers. " Accessed 2020 – 11 – 07 , Online：https://developers. google. com/protocol – buffers.

［20］ World Wide Web Consortium (W3C) , SOAP, Accessed 2020 – 12 – 08 ,2020. Online：https:// www. w3. org/TR/soap/.

［21］ Potti P. , "On the Design of Web Services：SOAP vs. REST ," M. S. thesis, University of Northern Florida ,2011.

［22］ Quinlan J. , "The Effect of Noise on Concept Learning ," in *Machine Learning ,An Artificial Intelligence Approach* ,Morgan Kaufmann ,1986.

［23］ Zhu X. ,and Wu X. , "Class Noise vs. Attribute Noise：A Quantitative Study of Their Impacts ,"

Artificial Intelligence Review, Vol. 22, 2004.

[24] Haigh K. Z. , et al. , "Parallel Learning and DM for a Smart Embedded Communications Platform," BBN Technologies, Tech. Rep. BBN – REPORT – 8579, 2015.

[25] Haigh K. Z. , et al. , "Machine Learning for Embedded Systems: A Case Study," BBN Technologies, Tech. Rep. BBN – REPORT – 8571, 2015.

[26] Mirzasoleiman B. , Bilmes J. , and Leskovec J. , "Coresets for Data – Efficient Training of Machine Learning Models," in *ICML*, 2020.

[27] Gong Z. , et al. , "An End – to – End Joint Unsupervised Learning of Deep Model and Pseudo – Classes for Remote Sensing Scene Representation," in *IJCNN*, 2019.

[28] Zhang C. , Kjellstrom H. , and Mandt S. , "Determinantal Point Processes for Mini – Batch Diversification," in *Uncertainty in AI*, 2017.

[29] You X. , Wang R. , and Tao D. , "Diverse Expected Gradient Active Learning for Relative Attributes," *IEEE Transactions on Image Processing*, Vol. 23, No. 7, 2014.

[30] Shi L. , and Shen Y. – D. , "Diversifying Convex Transductive Experimental Design for Active Learning," in *IJCAI*, 2016.

[31] Zhang Y. , et al. , "Energy – Entropy Competition and the Effectiveness of Stochastic Gradient Descent In Machine Learning," *Molecular Physics*, No. 16, 2018.

[32] Gong Z. , Zhong P. , and Hu W. , "Diversity in Machine Learning," *IEEE Access*, Vol. 7, 2019.

[33] Ren P. , et al. , *A Survey of Deep Active Learning*, 2020. Online: https://arxiv. org/ abs/2009. 00236.

[34] Shorten C. , and Khoshgoftaar T. , "A Survey on Image Data Augmentation for Deep Learning," *Journal of Big Data*, Vol. 6, No. 1, 2019.

[35] Chung Y. , et al. , *Learning Unknown Examples for ML Model Generalization*, 2019. Online: https://arxiv. org/abs/ 1808. 08294.

[36] Brownlee J. (2018). "Train Neural Networks with Noise to Reduce Overfitting. " Accessed 2020 – 11 – 22, Online: https://tinyurl. com/noise – and – overfitting.

[37] Goodfellow I. , Bengio Y. , and Courville A. , *Deep Learning*, MIT Press, 2016.

[38] Chen T. , et al. , "Big Self – Supervised Models Are Strong Semisupervised Learners," in *NeurIPS*, 2020.

[39] Sohn K. , et al. , "FixMatch: Simplifying Semisupervised Learning with Consistency and Confidence," in *NeurIPS*, 2020.

[40] Reed R. , and Marks II R. , *Neural Smithing: Supervised Learning in Feedforward Artificial Neural Networks*, Bradford Books, 1999.

[41] Bishop C. , "Training with Noise Is Equivalent to Tikhonov Regularization," *Neural Computation*, Vol. 7, No. 1, 2008.

[42] Mirzasoleiman B. , Cao K. , and Leskovec J. , "Coresets for Robust Training of Neural Net-

works Against Noisy Labels,"in *NeurIPS*,2020.

[43] Soltani N. , et al. , "More Is Better: Data Augmentation for Channel – Resilient RF Finger-printing,"*IEEE Communications Magazine*,Vol. 58,No. 10,2020.

[44] Sheeny M. ,Wallace A. , and Wang S. , "RADIO:Parameterized Generative Radar Data Augmentation for Small Datasets,"*Applied Sciences*,Vol. 10,No. 11,2020.

[45] Huang L. , et al. , "Data Augmentation for Deep Learning – Based Radio Modulation Classification,"*IEEE Access*,Vol. 8,2020.

[46] Yuan X. , et al. , "Adversarial Examples: Attacks and Defenses for Deep Learning," *IEEE Transactions on Neural Networks and Learning Systems*,Vol. 30,No. 9,2019.

[47] Ren K. ,et al. , "Adversarial Attacks and Defenses in Deep Learning,"*Engineering*,Vol. 6, No. 3,2020.

[48] Goodfellow I. ,et al. , "Generative Adversarial Nets,"in *NeurIPS*,2014.

[49] Karras T. , et al. , "Progressive Growing of GANs for Improved Quality,Stability,and Variation,"in *ICLR*,2018.

[50] Li M. ,et al. , "Generative Adversarial Networks – Based Semisupervised Automatic Modulation Recognition for Cognitive Radio Networks,"*Sensors*,2018.

[51] Davaslioglu K. , and Sagduyu Y. E. , "Generative Adversarial Learning for Spectrum Sensing,"in *ICC*,2018.

[52] Majumder U. ,Blasch E. ,and Garren D. ,*Deep Learning for Radar and Communications Automatic Target Recognition*,Norwood,MA:Artech House,2020.

[53] Shi Y. ,Davaslioglu K. , and Sagduyu Y. ,*Generative Adversarial Network for Wireless Signal Spoofing*,2019. Online:https://arxiv. org/abs/1905. 01008.

[54] O'Shea T. ,et al. , "Physical Layer Communications System Design Over – the – Air Using Adversarial Networks,"*in European Signal Processing Conference*,2018.

[55] Wood A. ,et al. , "Differential Privacy:A Primer for a Nontechnical Audience,"*Vanderbilt Journal of Entertainment & Technology Law*,Vol. 21,No. 1,2018.

[56] Dwork C. ,and Roth A. ,*The Algorithmic Foundations of Differential Privacy*,Now Publishers, 2014.

[57] Bost R. ,et al. ,*Machine Learning Classification Over Encrypted Data*,International Association for Cryptologic Research,2014. Online:https://eprint. iacr. org/2014/331. pdf.

[58] Dowlin N. ,et al. , "CryptoNets:Applying Neural Networks to Encrypted Data with High Throughput and Accuracy,"in *ICML*,2016.

[59] Tang X. ,et al. ,*When Homomorphic Cryptosystem Meets Differential Privacy:Training Machine Learning Classifier with Privacy Protection*, 2018. Online: https://arxiv. org/abs/1812. 02292.

[60] Lou Q. ,and Jiang L. , "SHE:A Fast and Accurate Deep Neural Network for Encrypted Da-

ta,"In *NeurIPS*,2019.

[61] Catak F. ,et al. ,"Practical Implementation of Privacy Preserving Clustering Methods Using a Partially Homomorphic Encryption Algorithm,"*Electronics*,Vol. 9,2020.

[62] Kumbhar H. , and Srinivasa R. , "Machine Learning Techniques for Homomorphically En-crypted Data,"*In Applied Computer Vision and Image Processing*,2020.

[63] Papernot N. , et al. , "Semisupervised Knowledge Transfer for Deep Learning from Private Training Data,"in *ICLR*,2017.

[64] Geyer R. ,Klein T. ,and Nabi M. ,"Differentially Private Federated Learning:A Client Level Perspective,"in *NIPS Workshop Machine Learning on the Phone and Other Consumer Devices*, 2017.

[65] Haigh K. Z. , et al. , "Rethinking Networking Architectures for Cognitive Control,"in *Microsoft Research Cognitive Wireless Networking Summit*,2008.

第 9 章

架　　构

利用第 1 ~ 8 章中对态势估计和决策的深入理解,可以重新绘制图 1.4 中的认知系统组件,如图 9.1 所示。模块化架构为这些功能模块提供了集成框架,支持不同的技术,提供不同的服务,并确保信息和控制的一致流动。本章简要介绍软件和硬件架构,并提供了一个简单的开发者路线图。

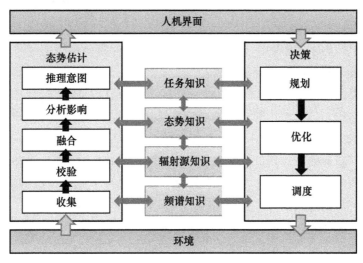

图 9.1　态势估计是决策的关键支撑

9.1　进程间的软件架构

虽然先进的雷达和软件无线电架构高度自适应,但它们通常仍然依赖定制

API 以单独公开每个参数。这种方法不适用于电子战系统中的实时认知控制,因为紧耦合使得人工智能难以做出全局决策。

为了消除这一障碍,架构中的功能模块必须是高度模块化和可组合的。通用接口允许模块公开其参数和依赖关系,从而实现跨处理器的全局优化和计算负载均衡[1-5]。模块化系统还支持系统的实时可组合,模块可以根据任务需要换入/换出[1]。为此,需要提供以下能力的代理:

(1)有与所有模块一致的接口,以便更改模块或创建新模块时无须修改其控制模块或从属模块。图 9.2 介绍了紧耦合接口和代理接口之间的区别。这种模块化方法解决了 $m \times n$ 问题,即模块的升级或更换问题。

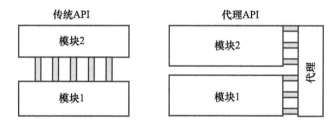

图9.2 在紧耦合的传统 API 中添加或修改模块需要更新所有连接的模块,而在代理 API 中添加或修改模块不会影响其他模块。

(2)协调控制以确保多个控制器不会相互覆盖,模块不得通过代理以外的任何接口公开其参数以供外部控制。

ADROIT 代理是在射频中提供此功能的第一个软件架构[1],使用图 9.3 所示的抽象结构。每个模块都公开其参数及其属性(尤其是读/写)。当模块发生改变(如添加新参数)时,它只会公开新参数 exposeParameter(name, properties),而不是为该新参数添加新的 API 函数。ADROIT 使用图 9.4 所示的特定模块提供了代理的一个具体示例。ADROIT 开发人员还进行了几次详细的走查,展示了网络模块与认知层的关注点分离[1]。

这种通用、模块化方法的优点是不会限制认知的形式,允许设计人员选择适合于问题的技术。其原因如下:

(1)该架构几乎支持任何认知技术;

(2)该架构可以包含多种认知技术;

(3)该架构不强制要求使用认知技术。

模块化允许对功能进行细粒度分解,如一个模块可能只计算并发布一个(并且只有一个)统计数据(如误码率),该统计数据将作为多个模块的输入。

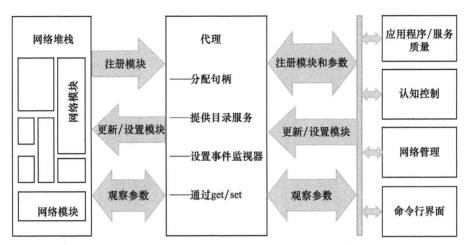

exposeParameter(parameter_name, parameter_properties)
setValue(parameter_handle, parameter_value)
getValue(parameter_handle)

图 9.3　ADROIT 是第一个通过代理支持认知控制的网络架构[1]

基于代理的方法会使"应用程序"和"模块"之间的区别变得模糊。给定的模块不仅可以请求堆栈"向下"更改,还可以"向上"请求更改,如请求降低视频分辨率以满足带宽限制。理论上,任一模块都可以向任何其他模块发出指令。

现代射频系统使用各种"发布/订阅"系统,如数据分发服务(data distribution service,DDS)[6-7]或 Kafka[8]。发布/订阅是一种异步消息传递服务,它将生成事件的服务(发布者)与处理事件的服务(订阅者)分离。虽然发布/订阅系统常用于跨广域网分发服务,但它们在单个 CPU 内同样有效。此外,服务可以自然地跨总线或单平台上的多个内核或跨多个平台进行扩展,但延迟会增大。

实现认知控制的挑战之一是消除与遗留系统的冲突。理想情况下,系统中的每个模块都应该订阅同一个代理,以便每个模块都具有进行准确推断所需的情景感知。然而,在实践中遗留系统不会连接到代理,更重要的是通常不允许认知系统跟踪所有传入的数据。一个常见的问题是遗留系统将响应它能够处理的所有射频信号,传递未知信号。由于缺乏对长期模式的认识,这种方法会导致排除偏差(8.2 节)和错误的结论。

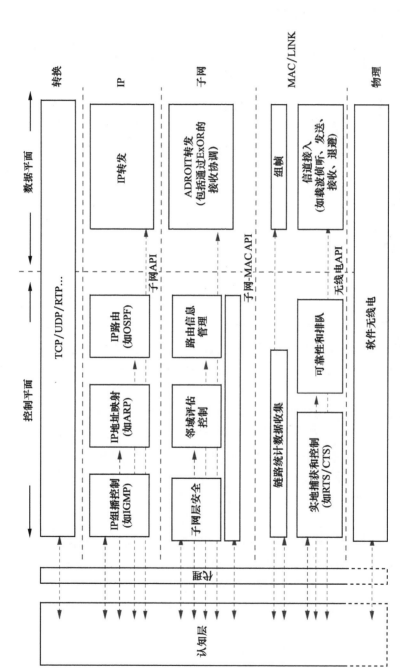

图 9.4 ADROIT 使用代理为模块化网络堆栈提供认知控制[1]

9.2　进程内的软件架构

当进程之间的交互需要更紧密的耦合(如内存访问和相似计算)时,线程和共享内存方法是合适的。任何直接将新实例与训练实例进行比较的基于实例的学习方法都属于这一类。

BBN SO(示例7.1)中的支持向量机要求快速响应引擎和长期响应引擎位于同一进程的不同线程中。快速响应引擎和长期响应引擎都需要对同一内部数据存储进行高频率、低延迟访问,从训练数据中选择实例作为支持向量。图9.5给出了跨线程的函数分布,支持图5.2的功能实现。这项工作强调了构建认知电子战解决方案的必要活动之一是:从通用机器学习库到嵌入式硬实时软件的转换需要付出巨大的努力。

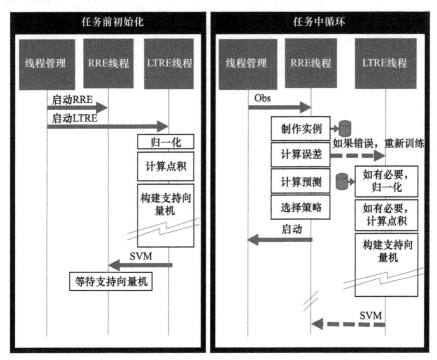

图9.5　BBN SO 使用线程在功能模块之间共享数据(示例7.1[9])

SO 的支持向量机模型源自 WEKA[10],它是当前最快的机器学习算法库之一,支持 Java 和 C/C + +。这些算法移植到嵌入式系统时需要考虑包括删除不必要的代码、扁平化、替换对象结构以及评估数值表示的可行性[11]等工作。到目前为止,工作量最大的是将代码拆分为多线程,让快速响应引擎以硬实时方式运行以保证策略选择的时效性,而当计算资源可用时让长期响应引擎在后台线程中运行。图9.6演示了这种拆分。嵌入式代码的运行时间是 $C/C++$ 基线代码的5%,其中基线禁用了"易擦除"的功能。原始的即现成的 Java 代码具有无法擦除的附加项,如跨线程的共享计算,并且运行速度约仅为嵌入式代码的 $1/10^6$。将快速响应引擎和长期响应引擎放在单独的进程中可能会使运行速度再慢,因为这两个进程都会计算共享值并且系统会产生跨进程共享数据集的开销。

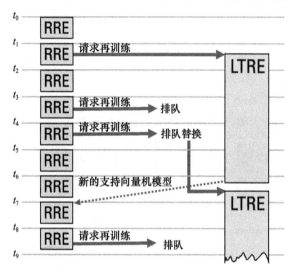

图9.6 快速响应引擎(RRE)在硬实时调度上选择策略,而当计算资源可用时长期响应引擎(LTRE)在后台线程中运行(示例7.1[9])

9.3 硬件选择

许多认知电子战的解决方案是在现有系统上叠加新的软件或固件,本节不考虑这种情况。对于有多种选项的人来说,需要做出权衡。

客户发现,没有一种"最佳"硬件可以运行各种人工智能应用程序,因为没有单一类型的人工智能。应用程序受限于从数据中心到边缘再到设备等所需硬件的功能,这再次表明需要更多样化的硬件组合。

——Naveen Rao(Intel),2018[12]

CPU 和 FPGA 的组合通常最适合电子战。标注 9.1 强调了电子战系统的一些硬件设计问题。

GPU 可能对电子战作战不太有用。

标注 9.1　嵌入式电子战系统,尤其是战术边缘的嵌入式电子战系统,具有特殊的硬件考虑。大的瞬时带宽恶化了电子战的处理资源和功率问题:

无法访问云计算,需要本地处理	发电机和电池的有限功率需要高效的系统
空间和重量限制需要紧凑的解决方案	关键任务的安全需要可靠且值得信赖的解决方案
10 年以上的升级周期需要可扩展的模块化解决方案	不断变化的温度、压力、冲击和湿度的恶劣环境需要坚固耐用的系统

表 9.1 总结了 CPU、FPGA、GPU 和定制 ASIC 的主要特性。从中可以看出,GPU 很难满足电子战的要求,因为 GPU 虽然在训练深度网络时效果很好但功耗太高,而且对于硬实时任务来说不可靠[13-14]。CPU 和 FPGA 通常是电子战应用的首选。

选择处理器时应注意以下问题:

(1)GPU 非常耗电。

(2)同步特别困难,有时甚至会导致 CPU 在不相关的任务上阻塞。

(3)并行计算的出色性能是以转储为代价的,这意味着实时系统会遇到不可接受的延迟。

(4)设计文档可能与观测的性能不一致,甚至相互矛盾。

(5)GPU 的黑盒性质意味着开发人员没有可靠的 GPU 行为模型,因此系统设计人员对当前 GPU 的了解可能对于新型 GPU 不适用。

(6)GPU 的生命周期明显短于 CPU 或 FPGA。在美国国防部项目的背景下,这一问题使得持续性保障更加困难,制造来源减少和材料短缺(diminishing manufacturing sources and material shortage,DMSMS)的可能性更大。

(7)GPU 的安全性设计远不如 CPU 和 FPGA 先进,这使得它们更难应用程序保护方法。

GPU 不适用于电子战的事实实际上并不是一种损失,因为电子战不是"大数据"环境。

如果硬件技术的短寿命和功能单一可以被电子战界接受,那么 ASIC 也可能在电子战中发挥作用。

长久以来,CPU 在硬实时系统中性能良好,并且在长达十年的寿命中能够灵活地适应软件应用的变化。在固定算法处理流式数据方面,FPGA 的性能比 CPU 的性能好,但成本代价过高。FPGA 可重配置并提供强大的低功耗处理能力,从而降低热管理和空间需求,支持在小型外壳和极端环境中集成加速硬件。

表 9.1 CPU、FPGA、GPU 和定制 ASIC 的主要特性

处理器	特征	优点/缺点
CPU	• 用于通用应用的传统处理器 • 单核、多核以及定制模块(如浮点) • 大量缓存,从内存到内核的最小延迟 • 可以独立运行并托管操作系统 • 用有限并行化优化顺序处理	• 多任务模式;面向未来 • 数据局部性 • 非常可靠的供应商 • 可用工业版本 • 软件可用性和程序员人才 • 针对非深度网络机器学习的高性能 • 高效推理需要大量内存
FPGA	• 可现场更改的逻辑单元的灵活组合 • 架构可定制,应用可配置 • 更好的性能、更低的代价和更低的功耗	• 可重构 • 保证实时性 • 大型数据集 • 计算密集型应用 • 不适合浮点运算 • 比其他平台更难编程,因此相对缺乏灵活性
GPU	• 用于执行许多相同的并行操作(如矩阵计算) • 数千个相同的处理器内核	• 可靠的供应商 • 大多数软件支持深度网络方法 • 高功耗 • 计算优化是以转储为代价的 • 对于硬实时任务不可靠 • 黑盒式的 • 比 CPU 或 FPGA 更短的生命周期 • 安全性不太好
ASIC	• 专用集成电路 • 最高效的性能/功率解决方案	• 单一模式(定制的人工智能处理) • 由于技术快速过时,寿命短(<1 年) • 有限的软件支持

9.4 小 结

从软件架构的角度来看,模块化是支持系统范围认知控制的最好手段,其

中每个模块都连接到集成框架并公开其参数。

从硬件的角度来看,GPU 几乎不适合嵌入式电子战环境。而 CPU 和 FPGA 的组合通常最适合电子战,因为它们支持硬实时操作和流计算。

在电子战系统中开始使用认知技术并不像许多人认为的那么复杂,这是一件根据问题规模选择合适技术的事情。

参考文献

［1］ Haigh K. Z. , et al. , "Rethinking Networking Architectures for Cognitive Control," in *Microsoft Research Cognitive Wireless Networking Summit* ,2008.

［2］ Troxel G. , et al. , "Enabling Open – Source Cognitively – Controlled Collaboration Among Software – Defined Radio Nodes," *Computer Networks* , Vol. 52 , No. 4 ,2008.

［3］ Blossom E. , "GNU Radio:Tools for Exploring the Radio Frequency Spectrum," *Linux Journal* , Vol. 2004 , No. 122 ,2004.

［4］ Casimiro A. , Kaiser J. , and Verissimo P. , "An Architectural Framework and a Middleware For Cooperating Smart Components," in *Conference on Computing Frontiers* ,2004.

［5］ Hiltunen M. , and Schlichting R. , "The Cactus Approach to Building Configurable Middleware Services," in *Workshop on Dependable System Middleware and Group Communication* ,2000.

［6］ Object Management Group, *Data Distribution Service (DDS) , version 1. 0* , 2004. Online: https://www. omg. org/spec/DDS/1. 0.

［7］ Object Management Group, *Data Distribution Service , DDS Portal*. Accessed 2020 – 10 – 21 , 2020. Online:https://www. omg. org/omg – dds – portal/.

［8］ Apache. (2020). "Kafka," Online:https://kafka. apache. org/.

［9］ Haigh K. Z. , et al. , "Parallel Learning and Decision Making for a Smart Embedded Communications Platform," BBN Technologies,Tech. Rep. BBN – REPORT – 8579 ,2015.

［10］ University of Waikato,N Z, *WEKA:The Workbench for Machine Learning*. Accessed:2020 – 04 – 12. Online:https://www. cs. waikato. ac. nz/ml/weka/.

［11］ Haigh K. Z. ,et al. , "Machine Learning for Embedded Systems:A Case Study," BBN Technologies,Tech. Rep. BBN – REPORT – 8571 ,2015.

［12］ Rao N. , *Intel AI—The Tools for the Job* , 2018. Online:https:// tinyurl. com/intel – hw – trades.

［13］ Yang M. ,et al. , "Avoiding Pitfalls When Using NVIDIA GPUs for Real – Time Tasks in Autonomous Systems," in *Euromicro Conference on Real – Time Systems* ,2018.

［14］ Maceina T. , and Manduchi G. , "Assessment of General Purpose GPU Systems in Real – Time Control ," Vol. 64 , No. 6 ,2017.

第 10 章

测试和评估

　　人工智能有特殊的评估需求,特别是当它处于任务中学习的情况下。本章
介绍如何测试和评估人工智能电子战系统的性能,以便客户和最终用户即使在
遇到意外情况时也能够信任该系统。本章回答了如何对发生变化的事物进行
测试的问题。测试和评估的关键步骤如下:

　　(1)指定与任务和最终用户相关的性能指标(metrics of performance,MOP)
和成功指标(metrics of success,MOS)(2.3节和标注10.2)。

　　(2)使用闭环交互式测试框架(10.1节)。

　　(3)使用消融试验来证明系统能否在以前未知的环境中工作(10.2节)。

　　(4)计算分类、回归和策略选择的准确性(10.3节)。

　　(5)使用学习保证过程对结果进行形式和实证验证(10.4节)。

　　评估的目标是确定对人工智能的信任程度。简而言之,就是该模型是否有
用,能否在任务环境中做出有效决策? 是否应该充分信任人工智能报告的观测
结果? 让人工智能驾驶平台,瞄准对手,学习
交战规则?

　　信任是风险的函数:委托人所承受的风
险和授予人工智能的权限越大,对验证和保
证的要求就越高。

　　信任必须从安全开始[1],信任程度取决
于委托人可以承受的风险程度,如图10.1所
示。对人工智能电子战系统的信任度决定了

图 10.1　信任程度取决于安全,
并取决于可接受的风险水平

委托人将授予人工智能的权限大小。

10.1 情景驱动

机器学习系统通常使用静态数据集来学习如何对对象进行分类。在电子战中这样处理是不够的,因为它没有考虑到系统如何应对新的样本、如何响应动态情况或如何对抗对手。环境对每个电子战动作都有反应。

为了验证认知决策引擎,闭环测试框架至关重要。

图10.2说明了与认知引擎交互、对激励做出适当响应的情景驱动程序(scenario driver,SD)的结构。

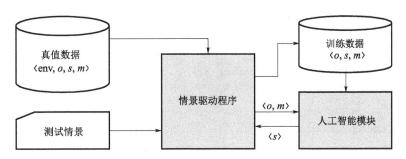

图10.2 闭环情景驱动程序确保认知决策引擎正确响应激励,将可观测量 o 和指标 m 发送给计算策略 s 的人工智能模块

真值数据文件(ground-truth data file,GTDF)包含所有已知数据,不管它是如何生成的,表10.1给出了真实通信电子防护系统的数据示例。该数据集被归一化并用int8格式表示,用以表示:①描述整个射频频谱的两个共享可观测量;②每两个辐射源中的六种可观测量;③可以组合的五种技术;④基于两个指标的推断特征。根据人工智能模块的要求,真值数据文件可能包含原始I/Q样本、PDW或推断特征。真值数据文件还包含已知真值情况的所有任务情景,如任务、节点(友军、中立或敌军)和配置的所有组合。

射频环境是测试情景之一,在最简单的情况下,它可能是在晴朗的天气和较低流量要求下的畅通通信,其他环境可能会添加移动性、干扰、天气和地形因素。在受控实验中,每个环境都用其已知环境进行标记并记录在真值数据文件中。

如果数据记录在逗号分隔值(comma-separated value,CSV)文件中,则每行都表示可观测量、可控量和指标的单个样本 $\langle o,s,m \rangle$,以描述如何针对节点 n 的环境执行策略。可观测量记录的是对环境的一次观测。

表 10.1　包含所有已知数据、模拟数据、仿真数据或真实数据的真值数据文件

ENV	SHo1	SHo2	e1o1	e1o2	e1o3	e1o4	e1o5	e1o6	e2o1	e2o2	e2o3	e2o4	e2o5	e2o6	MT1	MT2	MT3	MT4	MT5	m1	m2
env 1	-64	-10	123	127	-99	NaN	-127	-127	126	8	127	-127	-43	127	0	0	0	1	0	120	112
env 1	-80	-10	123	127	-113	NaN	-127	-127	126	54	127	-127	-24	83	1	0	0	0	0	114	56
env 1	-80	-10	126	-20	127	-127	-33	127	126	34	127	-127	-46	127	0	0	0	1	0	127	112
env 1	-80	-10	126	23	127	-127	-47	127	123	127	-64	NaN	-127	-127	0	0	1	0	0	120	112
env 2	127	-12	126	125	127	118	-127	77	NaN	NaN	NaN	NaN	NaN	NaN	0	0	0	1	0	127	127
env 2	15	-56	126	124	123	119	-127	-127	73	127	-118	NaN	-127	-127	0	0	0	1	0	127	127
env 2	15	-56	126	125	124	119	-127	-59	87	127	-127	NaN	-127	-127	0	0	0	0	1	88	0
env 3	-127	NaN	NaN	NaN	NaN	NaN	-127	-127	NaN	NaN	NaN	NaN	NaN	NaN	0	0	0	0	0	0	0
env 3	-127	NaN	NaN	NaN	NaN	NaN	-127	-127	NaN	NaN	NaN	NaN	NaN	NaN	0	1	0	0	0	0	70
env 4	-64	-14	126	-53	93	-67	60	127	126	-39	88	-113	42	127	0	0	0	1	0	127	127
env 4	-64	-14	126	-53	93	-67	60	127	126	-39	88	-113	42	127	0	1	0	0	0	101	70
env 4	-64	-14	126	-54	107	-85	64	36	126	63	-64	NaN	-127	-113	0	0	0	1	0	127	127
env 4	-64	-16	126	-53	96	-76	72	127	126	-41	111	-42	62	127	0	0	0	1	0	127	127
env 5	-48	-14	126	-59	102	104	55	83	126	-54	109	51	40	107	0	0	0	1	0	127	127
env 5	-48	-14	126	-66	115	95	68	95	126	-34	46	7	85	127	0	0	0	1	0	88	0
env 5	-48	-14	126	-66	115	95	68	95	126	-34	46	7	85	127	0	0	0	1	0	88	0
env 5	-48	-14	126	-66	115	95	68	95	126	-34	46	7	85	127	0	0	0	1	0	88	0
env 5	-64	-16	126	-37	95	77	60	10	126	11	81	13	46	54	0	0	1	0	0	76	0
env 5	-64	-16	126	-37	95	77	60	10	126	11	81	13	46	54	0	1	0	0	0	101	70
env 6	47	-10	126	-127	127	127	100	127	NaN	NaN	NaN	NaN	NaN	NaN	1	0	0	0	0	63	62
env 6	47	-10	126	-127	127	104	127	NaN	NaN	NaN	NaN	NaN	NaN		0	0	1	0	0	101	93
env 6	47	-10	126	-127	127	76	127	126	-127	3	-127	127	127		0	0	1	0	0	101	93
env 6	47	-10	126	-127	127	82	127	126	-127	4	-127	127	127		0	0	0	0	1	76	0
env 6	47	-10	126	-127	127	82	127	126	-127	4	-127	127	127		1	0	0	0	0	63	62

　　理论上,真值数据文件可以为每个测试用的射频环境提供非常多的行以及对应于每种可能策略的指数级(甚至无限)的列数。在实践中,具有高度多样性的更小、更稀疏的数据集更有价值(8.3.2节)。随着任务的进行,系统会收集数据、添加经验并更新表格。一种典型的方法是为每个独立的可控量(改变一个可控量,而其他可控量设置为默认值)和几对可控量(如表7.1)收集数据。

　　测试想定规定了将哪些环境用作训练数据以及将哪些环境用作测试数据。情景驱动程序选择与训练环境相匹配的真值数据文件样本,并为人工智能模块生成一个训练数据文件,以执行任务前步骤。图9.5显示了BBN SO的任务前步骤。闭环测试包含以下步骤:

　　(1)情景驱动程序生成测试数据的一个观测值样本(可观测量o和指标m)。

　　(2)人工智能选择一种策略(或表征,如信号)并将结果返回给情景驱动程序。

　　(3)情景驱动程序评估该策略,并根据10.3.3节在下一次迭代中计算指标m和最佳性能。

　　情景驱动程序执行与人工智能做出的决策适当交互的动作序列。例如,使

用图 10.3 中的简单状态机,如果人工智能观测到情景驱动程序处于请求发送(request - to - send,RTS)状态,并成功选择一种干扰技术阻止其进入清除发送(clear - to - send,CTS)状态,则情景驱动程序将重新进入 RTS 状态。如果人工智能没有采取干扰行动,那么情景驱动程序将开始发送数据。在雷达领域中,这些状态可能相当于雷达工作模式。每个弧表示导致状态转换的触发器。

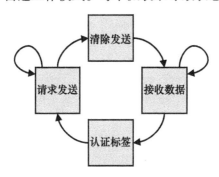

图 10.3　情景驱动程序可以使用状态机(如简单的通信序列)
重放来自真值数据文件的数据。真值数据文件中的"环境"
将对应于请求发送、清除发送、接收数据和认证标签

对于开集分类(3.4 节),此交互式过程支持在正确识别新类之前评估系统需要多少新样本。对于消融试验(10.2 节),它评估了系统学习应对新射频环境的速度。

情景驱动程序应该能够使用任何底层状态机重放任何类型的数据。这种方法允许测试多个人工智能模块,如一个模块生成 I/Q 样本以测试信号分选器,一个模块生成 PDW 以测试分类器,一个模块生成带有状态机的 PDW 以测试电子对抗措施。

由于系统需求文档通常在学习方面没有明确规定,因此尽早确定进行测试的情景至关重要。

不可能通过情景的穷举测试系统所有可能的配置。需要确定图 1.3 中所示的三个轴中的哪个与系统性能和客户需求相关,并在每个轴上的多个点进行测试。此外,电子战交战受物理特性和交战进程的限制(通过收集/拒绝信息)的事实缓和了组合爆炸的问题,从而有助于对测试需求的专注。

图 10.4 给出了用于开发和测试多个人工智能模块的概念架构。情景驱动程序使用与到达实际系统时相同的格式生成数据。在对序列进行测试之前,应单独对每个模块进行单元测试。在将模块放入序列中时,将其他模块替换为始终正确的"全知"组件。例如,为了测试态势估计模块,决策可以是一组简单的

手写规则,战斗损伤评估准确了解所选电子对抗措施的工作情况。使用加权精度(10.3.1 节或 10.3.2 节)评估战斗损伤评估模块和态势估计模块,并使用充裕度(10.3.3 节)评估决策模块。

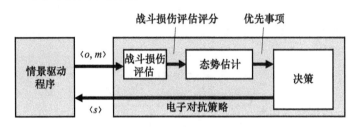

图 10.4　情景驱动程序可以驱动多个人工智能模块的测试

10.2　消融测试

$n-choose-k$ 消融测试是用于证明认知系统能否学习应对新环境的方法。消融试验测试了给定训练样本对模型泛化能力的贡献程度①。在消融测试中,真值数据有 n 个已知案例,用 $k \subseteq n$ 个案例训练系统,用 $\binom{n}{k}$ 个案例对系统进行测试,k 从 0 到 n 遍历。针对 n 的所有可能取值,重复上述训练和测试过程。在测试期间,$n-k$ 个案例是全新的。对于情景驱动程序已知的 $n=3$ 个案例,共有8 组消融测试。

(1)$k=0$,情景驱动程序创建了一个测试情景 $\binom{3}{0}$。人工智能未接收到先验训练数据;在测试过程中,所有 $n=3$ 个案例都是全新的。

(2)$k=1$,情景驱动程序创建了三个测试情景 $\binom{3}{1}$。在每种情况下,人工智能都在一个案例上进行训练;在测试过程中,一个案例是已知的,两个案例是全新的。

(3)$k=2$,情景驱动程序创建了三个测试情景 $\binom{3}{2}$。在每种情况下,人工智能在两个案例上进行训练;在测试过程中,两个案例是已知的,一个案例是全新的。

---

① 消融研究通常移除组件以了解组件对系统的贡献,要求系统在移除组件时表现出优雅降级[2]。

（4）$k=3$，情景驱动程序创建了一个测试情景$\begin{pmatrix}3\\3\end{pmatrix}$。人工智能在所有三个案例上进行训练；在测试过程中，只有案例的顺序是未知的。

消融测试类似于留一法测试，它将在 $n-1$ 个案例上进行训练并在剩余的一个案例上进行测试。同样，k 折交叉验证训练 k 个模型，并在不同的 $1/k$ 数据上对每个模型进行测试。这个想法是为了证明该系统能够学会应对新的环境，而不管它最初接受什么训练。

图 10.5 显示了开发 BBN SO 时获得的 $n-\text{choose}-k$ 测试结果（示例 7.1[3]）。对于 $n=9$ 个案例中的每个案例，情景驱动程序在所有子集 $k \subseteq n$ 上训练策略优化器（SO），并在所有 9 个案例上进行测试。该图显示了 512 个单独的测试，从没有先验训练数据的 $k=0$ 到在所有案例均为训练数据的 $k=9$ 的情况，但在测试期间，SO 不知道它们的顺序。

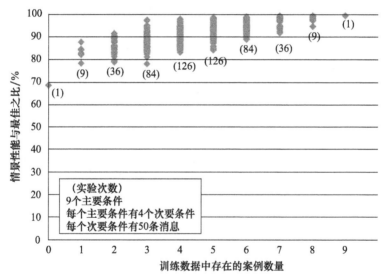

图 10.5　BBN SO 的 $n-\text{choose}-k$ 消融实验表明，由于 SO 的先验训练数据包含较少的条件，性能会明显下降。每个点相当于一个实验的充裕度，如图 10.8 所示；x 轴为 k，表示训练数据集中存在多少案例，y 轴为 10.3.3 节规定的充裕度值。括号中的"(x)"值显示为 $9-\text{choose}-k$ 的实验次数（示例 7.1[3]）

即使在 SO 没有先验训练数据的极端情况下，得益于任务中学习，它也能达到 70% 的最佳性能。

图 10.8 和图 10.9 显示了单个测试情景，每个测试情景对应于图 10.5 中的一点，并强调了任务中学习如何在一两个示例中学习应对新环境。利用 30% 左

右的训练数据,SO 在最佳情况下可以达到 98% 的充裕度,而在最坏的情况下可以达到 78% 的充裕度。

这种差异可以用多样性来解释:在大小为 k 的训练数据中使用了哪些环境。最坏的情况使用 3 个非常相似的环境,而最好的情况使用 3 个非常不同的环境。2.1.1 节介绍了如何计算环境相似度,即创建可以使用树状图进行可视化的无监督射频环境聚类。树状图相当于 n 个已知环境的可观测量,并且测试情景决定了其中的哪些用于训练和测试。

因为聚类是无监督的,所以电子战决策者可以使用这种聚类和相关的树状图来驱动主动学习(7.3 节)。

情景驱动程序还可以使用这种聚类来参照最优性能进行性能评估(10.3.3 节),其中类别是根据真值标签命名的。以图 2.3 为例,一个良好的测试是在顶部聚类的 15 个环境(垂直方向从 env16 到 env23)上训练,然后在底部聚类的 8 个环境(垂直方向从 env22 到 env08)上测试,这个测试可以看出系统在极端不同的数据上的表现。

再次参考图 10.5,最好的情况可能相当于 3 个非常不同的环境 16、23 和 22,因为该模型可以有效地推广到所有 20 个其他环境。同时,最坏的情况可能相当于在 3 个类似的环境 22、02 和 07 上的训练,导致系统需要更长的时间来学习如何应对新的情况,从而获得较低的充裕度分数。

在算法 4.1 中,在步骤 4(对新雷达进行分类)期间,被测人工智能系统不知道真值环境,但情景驱动程序可以正确评估开集分类算法的性能。分类算法的得分取决于所讨论的环境。例如,将环境 05 和 06 视为相同可能是可接受的,特别是如果环境代表干扰机并且所选的抗干扰技术具有相同的性能。同样,与已知样本仅略有不同的新型发射机相比,开集分类算法应该能够更快地识别出真正不同的新型发射机。

消融测试通过实证表明,认知系统可以从其经验中学习推理以应对新环境。

10.3 计算精度

电子战系统同时使用回归和分类学习方法。回归模型预测数值,即 $y = f(x)$ 且 $y \in \mathbb{R}$。使用归一化均方根误差(root - mean - squared error, RMSE)评估回归模型的精度(10.3.1 节)。

分类模型标记离散类,即对于离散类集合 $S, y = f(x)$ 且 $y \in S$。使用混淆矩阵和相关统计数据对分类模型进行评估(10.3.2 节)。

电子战系统还能够记录多种电子防护/电子进攻策略在不同射频环境下产生的不同效果。例如,多个电子防护策略可能会对一种干扰机具有不同的防护效能。使用修正的混淆矩阵可以对这些效果进行评估(10.3.3 节)。

10.3.1　回归和归一化均方根误差

回归算法通常用 RMSE 进行评估,RMSE 是观测值 $\hat{y}$ 与估计值 y 之间的平均平方差的平方根。归一化均方根误差(normalized RMSE,nRMSE)允许公平地比较来自不同数据分布的结果。nRMSE 是 RMSE 除以值的标准偏差 σ。对于平均值为 $\mu = \dfrac{1}{v}\left(\displaystyle\sum_{i=1}^{v} \hat{y}_i\right)$ 的 v 个实例:

$$\text{RMSE} = \sqrt{\frac{1}{v} \sum_{i=1}^{v} (\hat{y}_i - y_1)^2}$$

$$\text{nRMSE} = \frac{\text{RMSE}}{\sigma} = \frac{\sqrt{\dfrac{1}{v} \sum_{i}^{v} (\hat{y}_i - y_1)^2}}{\sqrt{\dfrac{1}{v} \sum_{i}^{v} (\hat{y}_i - \mu)^2}}$$

标准偏差代表使用平均值作为所有实例预测结果的学习算法的性能。我们的目标是让 nRMSE 值尽可能低。nRMSE 值 0.0 表示每个实例都没有预测错误,而当值大于 1.0 时表示不需要"花哨"的模型,因为平均值更好。图 10.6 给出了一个简单的示例,使用两个指标对模型进行比较。

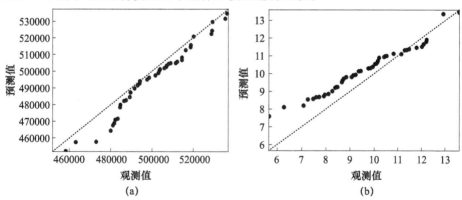

图 10.6　为了对预测不同范围的模型进行比较,必须通过标准偏差对 RMSE 进行归一化。
(a)指标 m_1 的范围为 458365 ~ 537068,其中 $\mu = 501041$ 和 $\sigma = 18061$;RMSE 为 6328,得出的 nRMSE 为 0.350。(b)指标 m_2 的范围为 5.7 ~ 13.6,其中 $\mu = 9.7$ 和 $\sigma = 1.7$;RMSE 为 0.76,得出的 nRMSE 为 0.442。当所有预测值与真值相同且沿灰色对角线分布时,nRMSE = 0.0

大的 nRMSE 值说明模型难以反映性能曲面,这可以帮助系统工程师理解和识别系统问题,如可观测量缺失、传感器故障、指标不可靠和时间延迟。

10.3.2 分类和混淆矩阵

分类算法通常使用根据表 10.2 所示的混淆矩阵计算出的精度值进行评估。行相当于已知的观测类,列相当于模型预测的类。真的正值或真的负值表明模型正确,而假的正值或假的负值表明模型错误。表 10.3 显示了生物和人造声信号类别的一些示意结果,该分类算法实现了 94.5% 的准确率,并倾向于将声信号标记为人造。该混淆矩阵中的每个单元格统计每个分类结果的样本数量。

表 10.2   显示分类算法如何识别对象的混淆矩阵

	预测正	预测负
观测正	真正	假负
观测负	假正	真负

表 10.3   生物和人造声信号类别的示意结果   (单位:%)

	生物	人造
生物	90	10
人造	1	99

由于问题性质不同,假负和假正可能会产生不同的后果。例如,如果机场行李扫描仪中的爆炸物探测器将非爆炸物识别为爆炸物,则误报会造成额外的筛查时间。然而,如果扫描器漏掉了爆炸物,那么假负可能会导致付出生命的代价。

1. 准确度、精确度、召回率和类不平衡性

混淆矩阵的准确度是对角线计数除以测试样本总数。对于跨 x 类计算标签的混淆矩阵 $\boldsymbol{M}, \boldsymbol{M} \in \boldsymbol{J}^{x \times x}$:

$$准确度 = \frac{\sum_{i=1}^{x} \boldsymbol{M}_{i,i}}{\sum_{i=1}^{x} \sum_{j=1}^{x} \boldsymbol{M}_{i,j}}$$

对于不平衡的数据集(如当人造声信号比生物声信号少得多时),准确性可能是一个误导性指标。平衡精度通过每个类中的样本数量将预测归一化:

$$平衡精度 = \frac{1}{x}\sum_{i=1}^{x}\left(\frac{\boldsymbol{M}_{i,i}}{\sum_{j=1}^{x}\boldsymbol{M}_{i,j}}\right)$$

召回定义为一个类中正确标记的样本数量,表示为第 i 个对角线值与第 i 行取值的总和之比:

$$召回_i = \frac{\boldsymbol{M}_{i,i}}{\sum_{j=1}^{x}\boldsymbol{M}_{i,j}}$$

精确度定义为模型预测一个类内部的紧密程度,表示为第 i、j 个对角线值与第 j 列取值之和的比:

$$精确度_j = \frac{\boldsymbol{M}_{i,i}}{\sum_{i=1}^{x}\boldsymbol{M}_{i,j}}$$

2. 多个类

当有两个以上的类时,人们期望沿着混淆矩阵的对角线有较大的匹配计数,非对角线结果显示误分类错误。行和列通常按某种形式的相似度排序,从而容易看到但可能忽略相似类之间的误分类错误。例如,由于调制分类评估中 QAM16 和 QAM64 相邻,误分类从而不易引起注意。

在图 10.7 的特定辐射源识别示例中,每对行/列是安装在同一无线电平台上并共用一个电源的两个发射机。因此,对角线周围 4 个单元格的每个"块"内的误分类比其他地方的误分类"更少"。

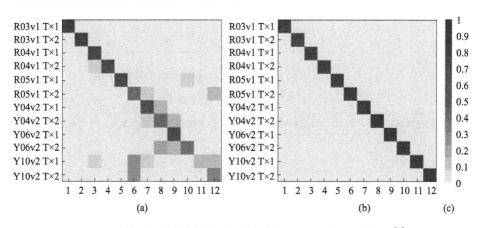

图 10.7 使用两种分类算法对特定辐射源进行识别的混淆矩阵[4]

(a)深度网络达到 71.9% 的准确率;(b)多级训练算法达到 98.7% 的准确率。

3. 加权精度和模型质量

当分类的奖励因类而异时,使用奖励矩阵 $R \in \mathbb{R}^{x \times x}$ 和 $0 \leqslant R_{i,j} \leqslant 1$ 来偏置估计精度。在这种情况下,通过奖励 R 对混淆矩阵 M 进行加权,获得加权精度矩阵 $Q \in \mathbb{R}^{x \times x}$;$M$ 中的每个单元格 i、j 由其对应的 R 中的单元格 i、j 加权而得到:

$$Q_{i,j} = M_{i,j} R_{i,j}$$

模型的整体质量按总质量的百分比计算,即标签质量除以标签总数:

$$质量 = \frac{\sum_{i=1}^{x} \sum_{j=1}^{x} Q_{i,j}}{\sum_{i=1}^{x} \sum_{j=1}^{x} M_{i,j}}$$

例如,考虑表 10.4 中所列 6 个雷达类别(两部雷达,每部雷达具有 3 种工作模式)的一组名义奖励集。对角线单元格表示模型正确标记雷达及其模式。在表 10.4 中识别正确的雷达但错误的模式或正确的模式但错误的雷达是部分正确的。使用这些奖励权重 R 对表 10.5 中的分类结果 M 进行加权,得到了表 10.6 中所示的质量矩阵 Q,整体质量为 90%。

表 10.4　名义雷达奖励矩阵 R

雷达及模式		R1M1	R1M2	R1M3	R2M1	R2M2	R2M3
雷达 1	模式 1	1.0	0.5	0.5	0.3	—	—
	模式 2	0.5	1.0	0.5	—	0.3	—
	模式 3	0.5	0.5	1.0	—	—	0.3
雷达 2	模式 1	0.3	—	—	1.0	0.5	0.5
	模式 2	—	0.3	—	0.5	1.0	0.5
	模式 3	—	—	0.3	0.5	0.5	1.0

表 10.5　概念模型对雷达和工作模式进行分类,产生
一个准确率为 85% 的混淆矩阵 M

雷达及模式		R1M1	R1M2	R1M3	R2M1	R2M2	R2M3	召回/%
雷达 1	模式 1	10	—	—	2	—	—	83
	模式 2	1	11	—	—	—	—	92
	模式 3	—	1	5	—	1	5	42
雷达 2	模式 1	—	—	—	11	—	—	100
	模式 2	—	—	—	1	12	—	92
	模式 3	—	—	—	—	—	12	100
精确度/%		91	92	100	79	92	71	

表 10.6 结合表 10.4 中的奖励权重 R 和表 10.5 中的混淆矩阵 M,
得出质量分数为 90% 的质量矩阵 Q

雷达及模式		R1M1	R1M2	R1M3	R2M1	R2M2	R2M3
雷达 1	模式 1	10	—	—	0.6	—	—
雷达 1	模式 2	0.5	11	—	—	—	1.5
雷达 1	模式 3	—	0.5	5	—	0	—
雷达 2	模式 1	—	—	—	11	—	—
雷达 2	模式 2	—	—	—	0.5	12	—
雷达 2	模式 3	—	—	—	—	—	12

10.3.3 策略评估

nRMSE 和混淆矩阵在评估策略对系统性能的影响时均未反映一个基本情况,即对于给定的射频环境,可能有多种策略有助于提高由非零目标函数得到的性能。

修正混淆矩阵衡量了策略相对于环境的性能。不是根据环境混淆矩阵评价环境,而是按环境使用策略。

情景驱动程序为每个指标 m_k 分配一个性能表 $p^{m_k} \in J^{a \times b}$,其中 J 是一组正整数,$a \ll \overline{o_n}$ 是环境的数量,b 是策略的数量 $\prod_{\forall_c} v_c$。每个单元格 $p_{i,j}^{m_k}$ 相当于在与 o_n 相关的环境 i 中使用策略 $j = s_n$ 的指标 m_k 的观测性能。2.1.1 节介绍了如何为收集的可观测量计算环境。

本质上,p^{m_k} 综合了来自真值数据文件的数据以及在任务中收集的所有经验。真值数据文件是一个样本集合 $\langle o, s, m \rangle$,而 p^{m_k} 是一个给定 m_k 的大小为 $a \times b$ 的表格。理论上,p^{m_k} 可以有非常多的行,但是情景驱动程序通过设置环境聚类的最大数量来控制环境数量 a(2.1.1 节)。

充裕度:情景中的性能。

充裕度是指系统在某个情景中的性能。计算充裕度的一种简单方法是考虑每个环境的策略选择,并针对该环境的最佳策略进行评分,类似于计算质量矩阵 Q。

然而,这种方法不考虑当所改变的策略是效用函数的一部分时的情况,即当时间 t 的最佳策略取决于 $t - \delta$ 时采用的策略。

为了计算任务期间的充裕度,情景驱动程序使用观测性能 $U_n(t)$ 除以可能的最佳性能 $\hat{U}_n(t)$:

$$A_n(t) = \frac{U_n(t)}{\hat{U}_n(t)}$$

$\hat{U}_n(t)$ 表示在时间 t 时可以实现最佳性能的策略。情景驱动程序使用节点 n 在时间 t 时的效用函数从性能表 p^{m_k} 计算 $\hat{U}_n(t)$，并根据在时间 $t+\delta$ 时返回的性能反馈计算 $U_n(t)$。这不是真正的最优策略，而是先前收集的真值中的最优策略。

该情景的充裕度是所有时间戳的平均值：

$$A_n = \frac{1}{T} \sum_{t=1}^{T} A_n(t)$$

图 10.8 显示了 6 个环境所组成情景的充裕度随每 5 个时间步长的变化。一般来说，BBN SO 能够选择环境的最佳策略，从而产生的总体充裕度 $A_n = 0.86$。大多数错误发生在环境变化时，因为相对于下一个环境 env_{i+1}，env_i 中的策略的效用较小。当充裕度保持在 1.0 时，表明所选策略在不同环境中都同样有用。充裕度可能是负数（如在 $t=1$ 时），因为代价大于收益。由于策略有缓冲时间或决策者尝试不同策略的增量学习，充裕度可以在多个时间步长（如 $t = [11,12,13]$）上得到提高。

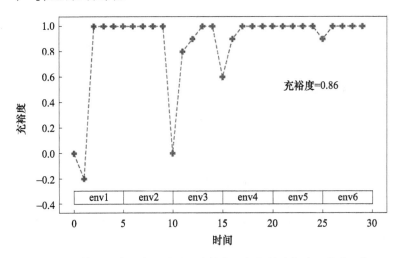

图 10.8　情景驱动程序通过对比决策者选择的策略与该环境中已知
最好的策略来评估每个时间步长的充裕度（示例 7.1[3]）

图 10.9 显示了使用任务中增量学习的影响。自适应和认知系统从在相同数据上训练的模型开始。情景驱动程序将每个系统暴露在相同的新环境序列中。自适应系统不允许重新训练并在整个情景中使用已学习但不变的模型，最

终的充裕度为 0.28。认知系统重新训练三次,使其能够选择更好的策略,并达到 0.88 的充裕度。任务中学习仅使用一个样本来学习应对新环境。

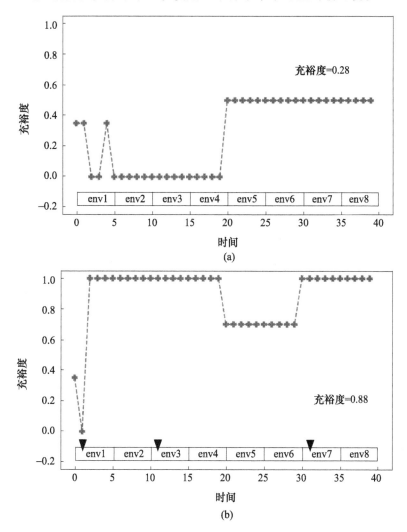

图 10.9　在相同的测试情景中,图(b)中的认知系统的表现优于图(a)中的
自适应系统。三角形表示决策者何时触发学习事件(示例 7.1[3])

图 10.5 中的每个单点代表一个训练/测试情景的充裕度,显示了训练/测试环境的所有组合的充裕度。

增量学习在应对新环境时只有少量的最优性损失。

无监督聚类确定了环境特点,实际观测性能决定了效用如何。在任务期间,特定环境下的最佳策略可能会发生变化,特别是在探索出更好的候选策略的情况下。在没有参考真值的环境中,最佳策略指目前已知最优的。

10.4　学习保证:评估认知系统

认知系统的评估与传统的确认和验证(validation and verification, V&V)方法有许多相似之处。测试条件包括正常情况、边界情况、压力条件和对抗情况。然而,学习系统需要适配确认和验证过程。值得注意的是,确认和验证过程评估保证了模型的鲁棒性,特别是在数据变化时。数据管理、模型开发和元学习的所有步骤都会影响最终系统的质量。

验证(复杂模型)是一个涉及测量、计算建模和领域专业知识的过程,用于评估模型在感兴趣的应用领域内与实际问题吻合的程度。

——2012 年美国国家研究委员会文件[5]

10.4.1　学习保证过程

学习保证是机器学习赋能系统的质量保证或质量控制过程,旨在为认知电子战利益相关者提供与现有电子战系统相同的信任水平,经历了传统的"V"型开发保证过程。

标注 10.1 给出了开发有效人工智能系统所需的任务列表。图 10.10 的设计循环确保了数据质量、模型准确性和模型通用性。设计阶段是迭代的,确保所有更改都得到验证,包括数据格式的更改、模型结构的选择以及对超参数的调整。

标注 10.1　指导与规范人工智能项目开发工作的 5 个步骤

1988 年,Cohen 和 Howe[2]提出了一个人工智能研究五阶段模型,以具体的评估标准和技术的形式提供了每个阶段的评估指南。它们至今仍然有效。

①将主题细化为任务。该任务重要吗? 它是否代表了某类任务?

②设计方法。该方法是对现有方法的改进吗? 该方法的适用范围是什么? 存在哪些替代方法?

③建立计划。该计划的指导性有多强? 它是否针对示例进行了调整? 结果是否可预测?

④设计实验。可以演示多少个示例? 应该使用什么标准来比较结果? 每个组件如何影响结果?

⑤分析结果。表现如何? 算法的效率如何? 它的局限性是什么?

本节详细介绍了每项任务及评估的具体步骤。

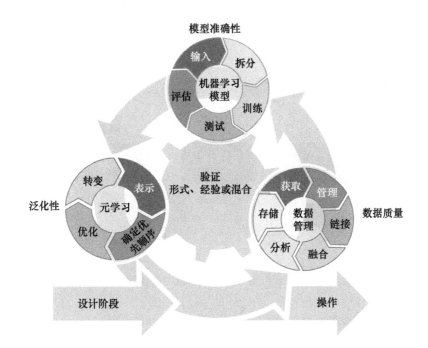

图 10.10　在设计阶段,验证原则适用于数据管理、模型开发和元学习的迭代过程。
良好的设计验证可确保系统运行阶段的良好性能

为了将这些设计理念纳入正式的认证方法,欧洲航空安全局(european avi-ation safety agency)和 Daedalean AG 调整了传统的“V”形流程来处理认知系统。图 10.11 的学习保证“W”包括学习系统的以下步骤,即数据生命周期管理、模型训练和验证[6],描述如下。

(1)数据管理确定了与产品/系统需求和作战概念(concept of operation,ConOp)相关的候选数据集、数据准备方法、数据质量要求和验证目标。

(2)学习过程管理推动了训练算法、初始策略和超参数等要素的选择和验证。它还考虑了硬件和软件框架,并选择了评估指标。核心测度的标准是准确性,它取决于多种环境因素,应比较标注 10.2 所列的需权衡的因素。

(3)在模型训练阶段训练模型,然后使用验证数据集来评估模型参数。

(4)学习过程验证使用专门用于评估的测试数据集评估训练好的模型。

(5)模型实现将模型转换为可在目标硬件上运行的可执行模型。必须对嵌入式硬实时环境的所有优化和修改进行验证。

(6)推理模型验证确保了嵌入式模型能够满足预期要求。

（7）数据验证确保了关于数据的假设没有改变。

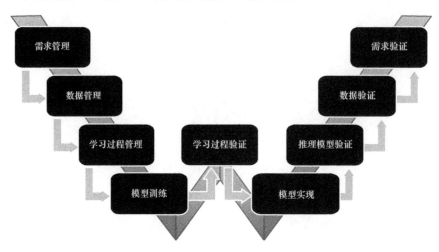

图10.11　学习系统的验证与确认[6]

标注10.2　准确性是主要的系统评估指标，取决于多种环境因素和系统需求。

准确性：环境、行为和因果事件模式的成功表征，以及电子防护/电子进攻策略的高充裕度。

可扩展性：辐射源的数量，策略的数量，训练数据的大小。

可移植性：硬件和操作系统情况。

复杂性：任务/威胁复杂性。

数据要求：数量，类型，完整性，正确性，请参见表8.1。

计算量：学习模型所需的时间，推理所需的时间，样本有效性。

适应性：调整模型使其适应新条件所需的时间和样本数量。

泛化性：应对新情况的准确性。

鲁棒性/稳定性：对输入值变化的脆弱性和敏感性。

不确定性/置信度：能够确定对某种估计的置信度。

可用性和可解释性：易于人类理解任务中和用于取证的结果。

安全性：能够提供性能保证。

迁移性：模型在稍微不同的环境中的效能，如用合成数据进行训练并用真实数据进行测试。

累积收益：性能随时间/经验或受其他人工智能/机器学习组件影响而产生的变化。

时间效能：随时间变化的系统性能；概念漂移；利益相关者是否具有真正的信任和依赖系统决策的意愿。

多版本异质软件是一种系统设计技术，涉及生成两个或多个提供相同功能的软件组件，以避免组件之间的某些常见错误来源[7]。该技术能够获得冗余解的机制与集成学习（3.2节）相似，它提高了系统弹性，并增强了用户对学习方

法的信心。

学习系统应通过经验和形式方法或两者的组合进行验证[6,8]。图 10.12 简要定义了每个类别。10.4.2 节和 10.4.3 节分别介绍了形式验证方法和经验验证方法的具体示例。

实证验证	半形式验证	形式验证
将模型视为白盒	结合数学和经验概念	使用形式化方法获得最坏情况下的鲁棒边界
(1) 对经过训练的模型进行系统测试； (2) 检查内在和外在特征/行为	(1) 确定训练模型的边界情况； (2) 确定预测的置信度； (3) 对抗性测试	从理论上确定模型在训练数据集扰动下何时发生重大变化，如当机器学习算法稳定性无法保证时

图 10.12 对学习的验证方法包括经验方法、形式方法和混合方法

国家研究委员会研究了复杂模型可靠性的评估方法[5]。Luckcuck 等[9] 详细概述了自主机器人的形式规范和验证。Jacklin 等[10] 针对自适应飞行关键控制软件提出了一些特有的确认和验证挑战。Lahiri 和 Wang[11] 提出了用于安全关键系统的人工神经网络验证的各种形式化方法。示例 10.1 给出了应用于飞机滑行的保证架构。

从实践的角度来看，验证方法的有用输出包括[6,13]：①违反约束的输入，即样本外错误；②不会导致输出不符合要求的有效输入；③给定输入集合的期望输出；④表示模型何时可能失败的置信度估计。

示例 10.1 多种保证方法证明了应用于飞机滑行中的基于机器学习组件的安全性。

Cofer 等[12] 演示了一种应用于飞机滑行的运行中保证架构。该演示包括针对复杂系统临界行为的基于 ASTM F3269 – 17 标准的安全架构，系统安全的各种运行中监控器以及关键性高保证组件的形式化组合。该架构证明了在人工神经网络赋能的底层组件存在缺陷的情况下维护系统安全的能力。

Cofer 等使用以下技术来保证系统安全：

(1) 使用体系结构分析和设计语言(architecture analysis and design language, AADL)对系统体系结构进行建模。

(2) 使用假设保证推理环境(assume guarantee reasoning environment, AGREE)对系统行为进行形式化验证。

(3) 使用基于体系结构的保证案例充分验证系统是否正确实现。

(4) 使用各种实时运行监控器来确保系统安全性、完整性和可用性。

(5) 通过基于形式规范的组合证明关键性高保证组件的正确性。注意，假设保证推理环境使用 k – 归纳法作为模型检查的底层算法。

10.4.2　形式化验证方法

计算学习理论(computational learning theory,CLT)和统计学习理论(statistical learning theory,SLT)是人工智能的子领域,研究机器学习算法的设计和分析[14-16]。虽然计算学习理论和统计学习理论具有相同的理论框架,但前者试图确定哪些问题是"可学习的",后者侧重于提高现有机器学习算法的准确性。

Vapnik - Chervonenkis(VC)维决定了给定分类器的复杂性[17]。较大的 VC维表示分类器更复杂,反之则更简单。VC 维可以预测分类器测试误差的概率上限[18]。

概率近似正确(probably approximately correct,PAC)学习是 Leslie Valiant 于1984 年提出的一个理论框架[19]。它根据训练数据集上的错误来分析机器学习泛化错误,同时还提供了一些衡量其复杂性的措施。其典型目标是证明算法能以高概率实现较低的泛化误差("近似正确"部分)。概率近似正确学习已经扩展到 PAC - Bayes 等不等式[20-22]。例如,McAllester 的 PAC - 贝叶斯分析推导出了贝叶斯分类器的经验上限[23]。从某种意义上说,这种分析可以被认为是半形式化的。

Katz 等[24-25]开发了一个用于验证深度神经网络(deep neural network,DNN)的理论框架。Marabou 基于可满足性模理论(satisfiability modulo theory,SMT)求解器,可以通过将有关深度神经网络属性的查询转化为约束满足性问题来求解。Marabou 证明了深度神经网络可以避免空中碰撞。可满足性模理论方法还可以检测对抗性干扰,即导致网络误分类的最小变化。该方法可以保证在给定区域和系列操作中找到对抗性示例(如果存在)[26]。可满足性模理论求解器属于一类自动定理证明器,可以推导出一阶公式,特别是逻辑理论的可满足性和有效性。Balunovic 等[27]表明,可满足性模理论求解器比可满足性(satisfiability,SAT)求解器更通用,并且已用于神经网络、程序综合、静态分析和调度的验证。可满足性求解器实质上提供了一个通用的组合推理和搜索平台,并已用于软件验证、规划和调度[28]。

Wang 等[29]使用区间算法计算深度神经网络输出的严格界限,并使用符号区间分析以最大限度地减少对输出界限的高估。Amini 等[30]计算了精确和校准的不确定性估计,以估计分布外样本并识别模型何时可能失败。不确定性可以来自数据(偶然不确定性)和预测(模型不确定性)。

Maher 和 Orlando[31]使用基于本体的知识图谱来增强机器学习功能的训练

质量。由本体模型创建的知识图谱可以用于处理异常数据。这种方法允许通过添加语义来描述领域数据如何相互关联,从而允许对领域的概念进行正式和明确的表示。

形式验证方法因其能够在理论上确定算法稳定性而具有吸引力。然而,深度网络和其他机器学习算法的复杂性导致很难利用形式化的软件验证过程,其中的问题包括计算复杂性、可扩展性、适用性、缺乏基准测试以及运行时间和结果完整性之间的权衡。

10.4.3 经验和半形式化验证方法

经验验证方法必须以闭环方式进行,因为环境会响应动作(10.1 节)。

在设计阶段可以使用合成数据、模拟数据、真实训练数据、增强数据或任何组合进行验证测试。性能测试应在现场进行,尤其是在学习保证的操作阶段。例如,如果真实的原始 I/Q 数据不可用,射频信号分类算法可以在合成 I/Q 数据(如通过 MATLAB 生成)上进行初步训练/验证。尽管合成数据引入了不需要的效应并且缺乏真实感(如给定 OFDM 系统的 I/Q 不平衡或相位噪声),但它也可以提供数据多样性和反映边界情况(8.3.2 节)。经验验证方法的一些普遍缺点是训练数据完整性和数据偏差。常用的经验验证方法如下:

(1)消融测试:$n-choose-k$ 消融测试(10.2 节)证明了系统能否应对新环境,它在 k 个案例中进行训练,并测试所有 n 个已知的真值环境,从而评估在 $n-k$ 个新环境上的性能。

(2)对抗性测试:这种方法评估了机器学习算法应对可能导致我方损失最大的对手的鲁棒性,如文献[32]所做工作。

(3)白盒测试:白盒验证方法通过测试评估了模型的行为。白盒测试模式决定了模型最终的输出行为及其内部参数,如神经覆盖和激活模式[33-34]。

(4)界限研究:了解系统在意外情况下的表现,应使用已知的边界情况(如噪声增强、数据不完整或错误)对其进行测试。例如,伪造边界情况。虽然这种方法不能保证完整性或正确性,但通常会有效地提高测试覆盖率[35-36]。

(5)错误界限模型:搞清了在线学习算法在学习预期概念或目标函数 f[37-38]之前会犯多少错误的问题。学习是分轮进行的,在每轮中,情景驱动程序提供一个未标记的样本 x,学习算法必须预测未知目标函数 f 的值 $f(x)$。然后情景驱动程序提供性能反馈,允许学习算法重新训练和更新其假设。学习算法的错误界限是它在所有轮次中最坏情况下所犯错误数。

(6)简化:Elboher 等[39]提出了一个验证框架,通过使用过近似来减小网络的大小,从而简化神经网络。知识蒸馏训练了"教师"模型,然后训练了一个简单的"学生"模型来模仿教师[40-42]。抽象解释用于近似网络的行为,明确管理近似值和精确度之间的权衡[43]。

(7)奥卡姆学习:奥卡姆学习与概率近似正确学习密切相关,但可以对训练数据集的复杂性产生更精确的(经验)边界。该算法的目标是输出接收到的训练数据集的简化表示。奥卡姆学习是以奥卡姆剃刀原则命名的,这一原则指出,在所有其他条件相同的情况下,如果对观测数据有两种解释,那么更简单的解释是首选的[44]。

(8)敏感性分析/调优研究:元学习(5.1.3节)可以估计模型对超参数变化的灵敏度,从而得出模型对参数变化的稳定性和稳健性的估计。输出可达性分析计算了神经网络的最大灵敏度并输出可达集[45]。

(9)直接估计:在某些情况下最终用户可以评估系统性能的"合理性"。虽然这种方法不提供任何"可发布"的结果,但它建立了利益相关者对系统的信任。

10.5　小　　结

学习系统的评估需要跳出传统确认和验证方法的思维框架。传统方法倾向于在一个(或多个)固定的已知情景中验证系统性能,并且不涉及新的情景。而学习保证过程必须验证数据质量、模型准确性和模型泛化性。传统方法通常针对纯决策或优化问题,但尚未满足基于学习的人工智能测试的需求,且缺乏数据质量、数据存储、模型安全性和验证目标。

由于电子战的交互性和对抗性,认知系统必须在闭环环境中进行测试。测试需求突出强调了3个认知轴(图1.3)中对任务有影响的轴,确保测试情景和测量特征符合目标。

参考文献

[1] McLeod S. ,"Maslow's Hierarchy of Needs,"*Simply Psychology*,2018.

[2] Cohen P. ,and Howe A. ,"How Evaluation Guides AI Research:The Message Still Counts More Than the Medium,"*AI Magazine*,Vol. 9,No. 4,1988.

[3] Haigh K. Z. ,et al. ,"Parallel Learning and Decision Making for a Smart Embedded Com – munications Platform,"BBN Technologies,Tech. Rep. BBN – REPORT – 8579,2015.

［4］ Youssef K. , et al. , "Machine Learning Approach to RF Transmitter Identification," *IEEE Journal of Radio Frequency Identification*, Vol. 2, No. 4, 2018.

［5］ National Research Council, *Assessing the Reliability of Complex Models*, National Academies Press, 2012.

［6］ Cluzeau J. , et al. , *Concepts of Design Assurance For Neural Networks(CoDANN)*, European U-nion Aviation Safety Agency. Online: https://tinyurl. com/CoDANN – 2020.

［7］ *Software Considerations in Airborne Systems and Equipment Certification*, RTCA DO – 178C/ EUROCAE ED – 12C Standard, Radio Technical Commission for Aeronautics(RTCA) , 2011.

［8］ Sun X. , Khedr H. , and Shoukry Y. , "Formal Verification of Neural Network Controlled Auton-omous Systems," in *Hybrid Systems: Computation and Control*, 2019.

［9］ Luckcuck M. , et al. , "Formal Specification and Verification of Autonomous Robotic Sys – tems: A Survey," *ACM Comput. Surv.* , Vol. 52, No. 5, 2019.

［10］ Jacklin S. , et al. , "Verification, Validation, and Certification Challenges for Adaptive Flight – Critical Control System Software," in *AIAA Guidance, Navigation, and Control Conference and Exhibit*, 2004.

［11］ Lahiri S. K. , and Wang C. , *Computer Aided Verification*, Springer Nature, 2020, Vol. 12224.

［12］ Cofer, D. , et al. , "Run – Time Assurance for Learning – Enabled Systems," in *NASA Formal Methods Symposium*, Springer, 2020.

［13］ Liu C. , et al. , *Algorithms for Verifying Deep Neural Networks*, 2019. Online: https://arx-iv. org/ abs/1903. 06758.

［14］ Bousquet O. , Boucheron S. , and Lugosi G. , "Introduction to Statistical Learning Theory," in *Summer School on Machine Learning*, Springer, 2003.

［15］ Kearns M. , Vazirani U. , and Vazirani U. , *An Introduction to Computational Learning Theory*, MIT Press, 1994.

［16］ Russell S. , and Norvig P. , *Artificial Intelligence: A Modern Approach*, Pearson Education, 2015.

［17］ Vapnik V. , and Chervonenkis A. , "On the Uniform Convergence of Relative Frequencies of Events to Their Probabilities," *Theory of Probability & Its Applications*, Vol. 16, No. 2, 1971.

［18］ Vapnik V. , *The Nature of Statistical Learning Theory*(Second ed.) , New York: Springer – Verlag, 2000.

［19］ Valiant L. , "A Theory of the Learnable," *Communications of the ACM*, Vol. 27, No. 11, 1984.

［20］ Shawe – Taylor J. , and Williamson R. , "A PAC Analysis of a Bayesian Estimator," in *Com-putational Learning Theory*, 1997.

［21］ McAllester D. , "Some PAC – Bayesian Theorems," *Machine Learning*, Vol. 37, No. 3, 1999.

［22］ McAllester D. , "PAC – Bayesian Model Averaging," in *Computational Learning Theory*, 1999.

［23］ Guedj B. , *A Primer on PAC – Bayesian Learning*, 2019. Online: https://arxiv. org/ abs/1901. 05353.

［24］ Katz G. , et al. , "The Marabou Framework for Verification and Analysis of Deep Neural Networks," in *Computer Aided Verification*, Springer, 2019.

［25］ Katz G. , et al. , "Reluplex: An Efficient SMT Solver for Verifying Deep Neural Networks," in *International Conference on Computer Aided Verification*, Springer, 2017.

［26］ Huang X. , et al. , "Safety Verification of Deep Neural Networks," *Lecture Notes in Computer Science*, 2017.

［27］ Balunovic M. , Bielik P. and Vechev M. , "Learning to Solve SMT Formulas," in NeurIPS, 2018.

［28］ Gomes C. , et al. , "Satisfiability Solvers," *Foundations of Artificial Intelligence*, Vol. 3, 2008.

［29］ Wang S. , et al. , "Formal Security Analysis of Neural Networks Using Symbolic Intervals," in *Conference on Security Symposium*, USENIX Association, 2018.

［30］ Amini A. , et al. , "Deep Evidential Regression," in *NeurIPS*, 2020.

［31］ Maher M. , and Orlando R. , "Solving the "Garbage In – Garbage Out" Data Issue Through Ontological Knowledge Graphs," Processus Group and Kord Technologies, Tech. Rep. , 2019.

［32］ Katz G. , et al. , "Towards Proving the Adversarial Robustness of Deep Neural Networks," in *Formal Verification of Autonomous Vehicles*, 2017.

［33］ Pei K. , et al. , "Deepxplore: Automated Whitebox Testing of Deep Learning Systems," in *Symposium on Operating Systems Principles*, 2017.

［34］ Tian Y. , et al. , "Deeptest: Automated Testing of Deep – Neural – Network – Driven Autonomous Cars," in *International Conference on Software Engineering*, 2018.

［35］ Dreossi T. , Donzé A. , and Seshia S. A. , "Compositional Falsification of Cyberphysical Systems with Machine Learning Components," in *NASA Formal Methods Symposium*, Springer, 2017.

［36］ Zhang Z. , et al. , "Two – Layered Falsification of Hybrid Systems Guided by Monte Carlo Tree Search," *IEEE Transactions on Computer – Aided Design of Integrated Circuits and Systems*, Vol. 37, No. 11, 2018.

［37］ Buhrman H. , García – Soriano D. , and Matsliah A. , "Learning Parities in the Mistake – Bound Model," *Information processing letters*, Vol. 111, No. 1, 2010.

［38］ Littlestone N. , "Learning Quickly When Irrelevant Attributes Abound: A New Linear – Threshold Algorithm," *Machine Learning*, Vol. 2, No. 4, 1988.

［39］ Elboher Y. , Gottschlich J. , and Katz G. , "An Abstraction – Based Framework for Neural Network Verification," in *International Conference on Computer Aided Verification*, Springer, 2020.

［40］ Hinton G. , Vinyals O. , and Dean J. , *Distilling the Knowledge in a Neural Network*, 2015. Online: https://arxiv. org/abs/1503. 02531.

［41］ Papernot N. , et al. , "Semisupervised Knowledge Transfer for Deep Learning from Private Training Data," in *ICLR*, 2017.

［42］ Mishra A. , and Marr D. , Apprentice: *Using knowledge Distillation Techniques to Improve Low –*
Precision Network Accuracy ,2017. Online: https://arxiv. org/abs/1711. 05852.

［43］ Singh G. , et al. , "Fast and Effective Robustness Certification," in *NeurIPS* ,2018.

［44］ Blumer A. , et al. , "Occam's Razor," *Information Processing Letters* , Vol. 24 ,No. 6 ,1987.

［45］ Xiang W. , Tran H. – D. , and Johnson T. , "Output Reachable Set Estimation and Verifica-
tion for Multilayer Neural Networks," *IEEE Transactions on Neural Networks and Learning*
Systems , Vol. 29 , No. 11 ,2018.

第 11 章

认知电子战系统的初步构建实践

创建认知电子战系统并不像许多人认为的那样困难,可以从小处着手并逐步发展,与所有事物一样,细节决定成败,从小处着手可以使人类逐步积累专业知识并找到影响最终产品的那些细节。按这种思路构建认知电子战系统需要以下步骤:

(1)选择一个小任务。

(2)选择一个机器学习工具包并制作模型原型。

(3)使用代表性数据进行评估。

(4)在代表性硬件上实施。

(1)确定一个易于完成的小任务。通常,这个新组件将取代或增强现有的传统方法。理想的候选项包括:①学习对信号进行分类(算法 4.1);②电子战战斗损伤评估(7.1.1 节);③学习动作的性能(4.2 节),然后选择策略(算法 5.1)。可能的指标包括误码率或链路稳定性。对于误码率,图 2.1 列出了一些可观测量示例,表 5.1 列出了一些可控量示例。表 11.1 列出了一些用于链路稳定性的可观测量和可控量示例。链路稳定性取决于误码率和其他变量,滞后或其他统计数据也可能相关。

(2)选择 11.2.1 节中的机器学习工具包之一。使用算法 4.1 中概述的过程创建初始原型。目标是演示建立原型的过程,而不是测试其准确性。在任何可用机器上对原型进行测试。

推动快速原型设计的主要因素是训练时间,而训练时间又由数据量和训练迭代次数决定。使用非常小的数据样本(如小于 100 个样本);数据应具有大致相似的取值范围和数值表示(最好是归一化的),但不必是真实的或具有代表性的(表 11.2)。但是初始数据的特征越能代表预期数据的特征越好。使用 10% 的数据进行训练,使用另外 90% 的数据进行测试,并选择松散的超参数(如增大误差限度和减少训练次数)。

表 11.1　链路稳定性的可观测量和可控量示例

可观测量	可控量
误码率(移动平均数、滞后) 误包率(移动平均数、滞后) 链路中断(最近的时间、滞后)	实施或停用重传 修改波形调制 实施或停用网络编码
链路中断与环境的相关性(如地理位置、电子战活动)	修改网络编码参数 更改物理节点位置

表 11.2　不需要真实或现实数据的初始逻辑流程的开发

类型	功率	频率	重复频率	脉宽
脉冲	2.8	9200	5048	0.0005546
	2.9	7430	6373	0.0004550
	2.5	9790	1396	0.0017908
	1.5	4640	4609	0.0003254
脉冲多普勒	38	1900	7799	0.0048724
	49	4600	5148	0.0095182
	34	8590	1619	0.0210006
	26	5730	5116	0.0050820
CW	100	8830	7559	0.0132292
	100	610	3810	0.0262467
	100	7240	6772	0.0147666
	100	1570	9280	0.0107758

(3)建立逻辑流程后,切换到具有代表性的数据集。从合成数据开始,并尽可能转向模拟数据和真实数据;专注于保持数据的多样性(8.3.2 节)。评估候选模型,并在可接受范围内改变其超参数。使用第 10 章中的评估方法选择机器学习算法。

(4)在代表性硬件上实施。软件无线电平台是许多电子战平台的良好替代品,因为它们相对便宜,并提供射频前端[1-2](图 11.1)。预计从原型模型到嵌入式代码的转换将是一项重要的工作。系统性能稳定后,将系统安装到目标平台。

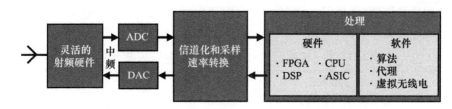

图 11.1　软件无线电平台提供射频前端、CPU、FPGA,有些时候还有 ASIC

11.1　开发注意事项

标注 10.1 提出了一个更广泛的认知电子战系统开发框架,具体工作应包括:

(1)定义情景。这一步经常被忽视。情景确保了收集正确的数据并为平台和任务选择正确的算法。很容易收集错误的数据,开发"太多"本体,选择错误的硬件,或者忽略最终用户的关注点如可解释性。创建一组需求,提出如表 3.2、图 6.2 和第 8 章所述的问题,并确定对手在何处及如何发挥作用。

(2)从一开始就引入数据工程师的参与。因为射频工程师收集的有效数据在以后无法重用的情况太多。初始数据框架(如结构和本体)应该捕获初始用例[3]并提供可扩展性挂钩。清晰地定义元数据(8.1.1 节)。

(3)尽早确定所需的数据。大量的解决方案都希望有一个合适的数据集,但在电子战中将没有合适的现成数据集,它可能会很小并且没有真值。了解数据的特征将比任何其他因素更有助于方案的选择(11.2.3 节)。

(4)假设训练数据仅在一定程度上反映实际数据。解决方案必须考虑应对新的情况。虽然消融测试(10.2 节)树立了系统将在未知条件下工作的信心,但新的事件将在所有预期边界之外发生。

(5)预计大部分时间都将用于数据清理。常见问题包括修正传感器错误、消除与遗留功能的冲突以及仅接收传统系统共享的数据"碎片"(8.2 节)。

(6)准备闭环测试环境。由于电子战系统将与对手进行对抗,使用静态训练集进行测试将无法实现测试的目标。通常缺乏用于对决策进行测试的闭环测试系统(10.1 节)。

(7)确保拥有可扩展的软件架构。互操作性、模块化和可扩展性很难进行逆向工程。需要解决与遗留系统的预期冲突(9.1 节)。

(8)从一开始就确保系统安全。在开始之后再添加安全基础设施将不易实现安全目标,以及保护数据和模型(8.3.5 节)。

(9)原型化并评估各种候选解决方案。选择允许快速开发和比较算法的工具(11.2.1 节)。在选择最终解决方案时,不仅要考虑精度,还要考虑其他要求(3.6 节),包括数据可用性、训练时间、推理时间、内存使用、可解释性和安全性。

(10)可能需要为嵌入式平台手动转换原型代码。现有的供应商工具链不足以在嵌入式硬实时平台上进行部署或进行内存和时间管理(9.2 节中的示例)。

5G 用例、人工智能/机器学习解决方案与电子战系统有许多相似之处,如标注 11.1 和 4.3.2 节所述。跟踪和采用 5G 技术有望实现电子战的新功能。北约认知雷达工作组发布了一份认知雷达报告,其中也给出了不错的示例[17]。

11.2　工具和数据

现有的机器学习工具包、数据集和仿真框架可以加速原型和开发过程。

11.2.1　机器学习工具包

流行的机器学习算法库包括 scikit – learn [18]、TensorFlow [19]、MATLAB 机器学习工具箱[20]、R[21] 和 WEKA [22]。其中许多工具包都有良好的在线文档。《机器学习实战:基于 Scikit – Learn、Keras 和 TensorFlow》一书对基于 Python 编程环境的机器学习方法进行了很好的介绍。这些库对于原型设计是有用的,但对于嵌入式硬实时操作[24]需要进行重大修改。

标注 11.1　5G 用例和解决方案可直接应用于电子战

5G 是第五代商用蜂窝网络。它由第三代合作伙伴计划(3rd generation partnership project,3GPP)标准化机构开发,是一种全新的、变革性的全球无线标准,因为它承诺实现明显更高的数据速率(峰值数据速率为每秒数千兆比特)、更低的延迟(以毫秒为单位)、泛在的连接性,并且比 3G 和 4G 技术更高的可靠性。3GPP 定义了以下 3 个主要的 5G 新无线电(new radio,NR)用例。

(1)增强型移动宽带(enhanced mobile broadband,eMBB):与 3G 和 4G 相比,5G 将以更高的吞吐量传输大量数据。增强型移动宽带将满足多种大带宽应用,如海量视频流和虚拟现实/增强现实(virtual/augmented reality,VR/AR)[4]。

（2）超可靠低时延通信（ultra - reliable and low - latency communication，URLLC）：也称为任务关键型通信，它将提供稳定的网络和尽可能低的时延（以毫秒为单位）来启动连接，如触觉互联网、汽车和无人机的自动驾驶，以及 1 ms 或更短时延来避免碰撞。

（3）海量机器类通信（massive machine - type communication，mMTC）：为物联网（internet of things，IoT）奠定基础。海量机器类通信将允许机器（每平方千米高达 100 万台设备）相互通信，同时只需要最少的人工参与，如工业应用、计量或大规模传感器网络。

此外，动态空中接口、网络功能虚拟化、网络切片等 5G 新特征带来了额外的系统设计复杂度和优化要求，以应对与网络运营和维护相关的挑战。因此，机器学习最近重新成为通信领域的焦点，因为它有潜力解决传统方法无法解决的挑战。例如，3GPP 和国际电信联盟（international telecommunications union，ITU）都提出了涉及各种人工智能/机器学习技术的 5G 研究项目。You 等[5]讨论了 5G 中的 4 个问题，这些问题的解决方案可直接应用于电子战。

网络资源分配：由于需要支持上述 3 个用例，5G 新无线电正交频分复用（orthogonal frequency - division multiplexing，OFDM）资源模块（resource block，RB）分配比 4G 长期演进（long - term evolution，LTE）资源模块分配复杂得多。强化学习执行资源模块分配[5]和 5G 网络切片[6]。

Yao 等[5]讨论了如何通过找到波束成形矩阵在大规模 MIMO 系统中实现高效能的波束成形，从而在大的解空间中引入最小的功率放大器非线性。循环神经网络递归地学习功率放大器的非线性并找到满足以下两个要求的合适的神经元权重。

①迫零波束成形，意味着最小的多用户干扰。

②最小的总体非线性失真。循环神经网络对功率放大器阵列的非线性进行建模，然后将其优化为最小发射功率，同时提供迫零解决方案。此后循环神经网络通知 5G 系统如何设置其迫零波束成形权重[4]。

其他机器学习技术包括用于资源分配的情景感知[7]、博弈论（用以优化来自需分配相同资源模块的多个小区用户的功率控制）[8]以及管理和协调蜂窝网络资源[9]。

自组织网络（self - organizing network，SON）：是一种新的网络管理方式，为网络的运行和维护提供支持。3GPP 引入自组织网络作为 4G 长期演进网络的关键组件，它将自组织网络解决方案分为自配置、自优化和自修复三类。对于 5G，由于网络超密致化和动态资源分配以及整体网络复杂性的增加，自组织网络功能必须得到增强。

人工神经网络和遗传算法等机器学习技术实现了各种自组织网络功能，如新小区和频谱部署、自动基站配置、覆盖和容量优化及小区中断检测和补偿[5,10-12]。

Gomez 等[13]使用有监督和无监督学习技术开发了一个根原分析系统，包含以下 3 个步骤。

①无监督自组织网络训练。

②无监督聚类。

③专家标记。

统一 5G 基带加速度：5G 基带信号处理包括一系列信号处理模块，包括大规模 MIMO 检测和用于信道解码的极化码。基带模块数量的增加导致硬件设计和实现更加复杂。为了加速基带信号处理，可以使用基于因子图的置信传播算法（适用于所有模块）设计统一的加速器，并辅之以深度网络方法，参见文献[14 - 15]。

端到端物理层通信的优化；O'Shea 和 Hoydis[16]提出了一种基于自动编码器的端到端 PHY 优化方法。通过将通信系统当作自动编码器，作者提出了一种将通信系统设计视为端到端重建任务的新方法，旨在在单个过程中联合优化发射机和接收机组件。

5G 用例演示的解决方案可映射到通信、雷达和认知电子战系统中许多作战领域的问题。

11.2.2 机器学习数据集

尽管 Kaggle[25]、IEEE[26]和 Google Dataset[27]提供了许多公共数据集的链接，但还是缺乏良好、全面的射频领域专用数据集[28]。即使有射频数据，也很少有数据集标记得足够好以供重用(8.1.1 节)。建立射频领域数据集的起点性工作包括收集雷达在降雪天气情况下的特性数据[29]和通用软件无线电外设指纹识别数据[30]。

11.2.3 射频数据生成工具

考虑到射频环境的复杂性，再加上电子战的对抗性质，合成和仿真数据生成能力是基础数据生成(8.3.2 节)和交互式模拟/仿真(10.1 节)的关键。

与中国或俄罗斯频繁和专业的实验相比，美国国防部出于对作战安全以及对射程和其他设备设施的保密考虑，并没有进行广泛的电子战或电磁频谱实验……电子战和电磁频谱作战训练越来越依赖虚拟和构造性系统，这有助于提高美国国防部的试验能力，将技术和作战创新相结合的新方法也是如此。

——2019 年战略和预算评估中心文件[32]

MATLAB 的射频工具箱[33]是一个易于使用的信号发生器。Flowers[31]提供了生成用于指纹识别的合成数据的代码。

现已开发出用于支持认知电子战系统交互设计和评估的多种试验台，参见文献[2,34 - 36]。还有许多可以与测试引擎集成的商业信号发生器[37]。CEESIM 是 MATLAB 的一个插件[38]。使用 Raspberry Pi[39]或通用软件无线电外设[40]的小型试验台支持简易的空中信号采集和初始原型测试，以开发和测试决策逻辑。也有支持电子战系统的高保真度开发和测试的射频模拟和仿真工具，包括 RFNest[41]、NEWEG[42]、RFView[43]和 RES[44]。

11.3　小　　结

如何创建认知电子战系统在概念上很容易理解。渐进地将认知概念纳入现有系统将确保最终产品的成功。不要期望一步到位地建立一个完整的认知系统(图1.3),关键是找到需要用更稳健的经验或启发式方法替换的最脆弱部分。问问自己:

(1)系统是否需要更好的态势估计? 更深入地了解射频环境、异常情况和辐射源的意图?

(2)系统是否需要更好的决策? 能够适应不断变化的条件和意外的情况?

(3)系统是否需要从错误中吸取教训?

每一小步都是朝着正确方向迈出的重要一步。

我们不需要等待未来的"实现全部的功能""大爆炸""全能"的全新网络才能将软件定义网络(software defined networking,SDN)引入战术系统。我们可以将它与我们今天拥有的系统结合起来。

——Tim Grayson(DARPA),2020,referring to#DyNAMO[45]

参考文献

[1] Gannapathy V. ,et al. ,"A Review on Various Types of Software Defined Radios(SDRs)in Radio Communication,"*International Journal of Research in Engineering and Technology*,Vol. 3, 2014.

[2] Christiansen J. ,Smith G. ,and Olsen K. ,"USRP Based Cognitive Radar Testbed,"in *IEEE Radar Conference*,2017.

[3] Haigh K. Z. ,et al. ,"Rethinking Networking Architectures for Cognitive Control,"in *Microsoft Research Cognitive Wireless Networking* Summit,2008.

[4] Yao M. ,et al. ,"Artificial Intelligence Defined 5G Radio Access Networks,"*IEEE Communications Magazine*,Vol. 57,No. 3,2019.

[5] You X. ,et al. ,"AI for 5G:Research Directions and Paradigms,"*Science China Information Sciences*,Vol. 62,No. 2,2019.

[6] Li R. ,et al. ,"Deep Reinforcement Learning for Resource Management in Network Slicing,"

IEEE Access, Vol. 6, 2018.

[7] Bogale T. E., Wang X., and Le L., *Machine Intelligence Techniques for Next – Generation Context – Aware Wireless Networks*, 2018. Online: https://arxiv. org/abs/1801. 04223.

[8] Wang J., et al., "Distributed Optimization of Hierarchical Small Cell Networks: A GNEP Framework," *IEEE Journal on Selected Areas in Communications*, Vol. 35, No. 2, 2017.

[9] Li R., et al., "Intelligent 5G: When Cellular Networks Meet Artificial Intelligence," *IEEE Wireless Communications*, Vol. 24, No. 5, 2017.

[10] Wang X., Li X., and Leung V., "Artificial Intelligence – Based Techniques for Emerging Heterogeneous Network: State of the Arts, Opportunities, and Challenges," *IEEE Access*, Vol. 3, 2015.

[11] Klaine P., et al., "A Survey of Machine Learning Techniques Applied to Self – Organizing Cellular Networks," *IEEE Communications Surveys Tutorials*, Vol. 19, No. 4, 2017.

[12] Pérez – Romero J., et al., "Knowledge – Based 5G Radio Access Network Planning and Optimization," in *International Symposium on Wireless Communication Systems*, 2016.

[13] Gómez – Andrades A., et al., "Automatic Root Cause Analysis for LTE Networks Based on Unsupervised Techniques," *IEEE Transactions on Vehicular Technology*, Vol. 65, No. 4, 2016.

[14] Tan X., et al., *Improving Massive MIMO Belief Propagation Detector with Deep Neural Network*, 2018. Online: https://arxiv. org/abs/1804. 01002.

[15] Liang F., Shen C., and Wu F., "An Iterative BP – CNN Architecture for Channel Decoding," *IEEE Journal of Selected Topics in Signal Processing*, Vol. 12, No. 1, 2018.

[16] O'Shea T., and Hoydis J., "An Introduction to Deep Learning for the Physical Layer," *IEEE Transactions on Cognitive Communications and Networking*, Vol. 3, No. 4, 2017.

[17] Task Group SET – 227, "Cognitive Radar," NATO Science and Technology, Tech. Rep. TR – SET – 227, 2020.

[18] *Scikit – learn: Machine Learning in Python*, Accessed: 2020 – 03 – 22. Online: https://scikit – learn. org/stable/.

[19] Abadi M., et al., *TensorFlow: Large – scale Machine Learning on Heterogeneous Systems*, 2015. Online: https://www. tensorflow. org/.

[20] MathWorks, *Statistics and Machine Learning Toolbox*. Accessed: 2020 – 03 – 22. Online: https:// www. mathworks. com/products/statistics. html.

[21] R Core Team, R: *A Language and Environment for Statistical Computing*, R Foundation for Statistical Computing, Vienna, Austria, 2013.

[22] University of Waikato, NZ, *WEKA: The Workbench for Machine Learning*. Accessed: 2020 – 04 – 12. Online: https://www. cs. waikato. ac. nz/ml/weka/.

[23] Géron A., *Hands – On Machine Learning with Scikit – Learn, Keras & TensorFlow*, O' Reilly, 2019.

[24] Haigh K. Z. , et al. , "Machine Learning for Embedded Systems: A Case Study," BBN Technologies, Tech. Rep. BBN – REPORT – 8571 , 2015.

[25] *Kaggle*. Accessed: 2020 – 12 – 08 , 2020. Online: https://www. kaggle. com/.

[26] *IEEE dataport*. Accessed: 2020 – 12 – 08 , 2020. Online: https://ieeedataport. org/.

[27] *Google dataset*. Accessed: 2020 – 12 – 08 , 2020. Online: https://datasetsearch. research. google. com/.

[28] Hall T. , et al. , "Reference Datasets for Training and Evaluating RF Signal Detection and Classification Models," in *IEEE Globecom Workshops*, 2019.

[29] Illinois Data Bank, Dataset for: '*A Dual – Frequency Radar Retrieval of Snowfall Properties Using a Neural Network*,' Accessed: 2020 – 12 – 08 , 2020. doi: 10. 13012/B2IDB – 0791318_V1.

[30] Sankhe K. , et al. , "ORACLE: Optimized Radio Classification Through Convolutional Neural Networks," in *INFOCOM*, Dataset available at https://genesys – lab. org/oracle , 2019.

[31] Flowers B. , *Radio Frequency Machine Learning (RFML) in PyTorch*. Accessed: 2020 – 12 – 08 , 2020. Online: https://github. com/brysef/rfml.

[32] Clark B. , W. McNamara, and T. Walton, "Winning the Invisible War: Gaining an Enduring U. S. advantage in the Electromagnetic Spectrum," Center for Strategic and Budgetary Assessments, Tech. Rep. , 2019.

[33] MathWorks, *RF Toolbox*. Accessed: 2020 – 12 – 13. Online: https://www. mathworks. com/products/rftoolbox. html.

[34] Reddy R. , et al. , "Simulation Architecture for Network Centric Sensors and Electronic Warfare Engagements," in *Interservice/Industry Training, Simulation, and Education Conference*, Software available as a MATLAB module: https://tinyurl. com/csir – sewes , 2018.

[35] Oechslin R. , et al. , "Cognitive Radar Experiments with CODIR," in *International Conference on Radar Systems*, 2017.

[36] Smith G. , et al. , "Experiments with Cognitive Radar," in *Computational Advances in Multi – Sensor Adaptive Processing*, 2015.

[37] DeLisle J. – J. , *Product Trends: Signal Generators Meet the Latest Standards Head – On*. Accessed 2020 – 12 – 13 , 2014. Online: https://tinyurl. com/signal – generators.

[38] Northrop Grumman, *Combat Electromagnetic Environment Simulator (CEESIM)*. Accessed 2020 – 12 – 13 , 2020. Online: https://tinyurl. com/ems – ceesim.

[39] Raspberry Pi Foundation. Accessed 2020 – 12 – 13 , 2020. Online: https://www. raspberry-pi. org/.

[40] Ettus Research. (2020). "USRP Software Defined Radio Device," Online: https://www. ettus. com/.

[41] Intelligent Automation, Inc, *RFnest*. Accessed 2020 – 12 – 13 , 2020. Online: https://www. i –

a – i. com/product/rfnest/.

[42] Naval Air Warfare Center Training Systems Division,*Next – Generation Electronic Warfare Environment Generator（NEWEG）*. Accessed 2020 – 12 – 13, 2020. Online：https：//tinyurl. com/navair – neweg.

[43] Information Systems Laboratories,*RFView：High – fidelity RF signals and system modeling*. Accessed 2020 – 12 – 13,2020. Online：https：//rfview. islinc. com.

[44] Mercury Systems,*Radar Environment Simulators*. Accessed 2020 – 12 – 13,2020. Online：https：//tinyurl. com/mrcy – res.

[45] Grayson T. ,*LinkedIn Post*：*#DyNAMO*. Accessed 2020 – 12 – 19. Online：https：//tinyurl. com/grayson – dynamo.

缩略语

ACK	acknowledgement	致谢
ACO	ant colony optimization	蚁群优化
AI	artificial intelligence	人工智能
ANN	artificial neural network	人工神经网络
API	application programming interface	应用程序编程接口
ASIC	application – specific integrated circuit	专用集成电路
BDA	battle damage assessment	战斗损伤评估
CNN	convolutional neural network	卷积神经网络
CPU	central processing unit	中央处理器
CR	cognitive radio	认知无线电
CRN	cognitive radio network	认知无线电网络
CTS	clear – to – send	清除发送
DM	decision making	决策
DoD	department of defense	国防部(美国)
DSA	dynamic spectrum access	动态频谱接入
EA	electronic attack	电子进攻
EBM	electronic battle management	电子战作战管理
ECM	electronic countermeasures	电子对抗
EMS	electromagnetic spectrum	电磁频谱
EMSO	electromagnetic spectrum operations	电磁频谱作战

EP	electronic protect	电子防护
ES	electronic support	电子支援
EW	electronic warfare	电子战
EW BDA	electronic warfare battle damage assessment	电子战战斗损伤评估
EWO	electronic warfare officer	电子战军官
FFT	fast fourier transform	快速傅里叶变换
FPGA	field programmable gate array	现场可编程门阵列
GA	genetic algorithms	遗传算法
GMM	gaussian mixture model	高斯混合模型
GPU	graphics processing unit	图形处理器
I/Q	in – phase and quadrature	同相和正交
IP stack	internet protocol 7 – layer stack	互联网协议 7 层堆栈
ISR	intelligence, reconnaissance, and surveillance	情报、侦察和监视
k – NN	k – nearest neighbor	k – 最近邻
MAC	medium access layer in the IP stack	IP 堆栈中的媒体访问层
MANET	mobile ad – hoc network	移动自组网
MDP	markov decision process	马尔可夫决策过程
ML	machine learning	机器学习
NLP	natural language processing	自然语言处理
PHY	physical layer in the IP stack	IP 堆栈中的物理层
POI	probability of intercept	截获概率
POMDP	partially – observable MDP	部分可观察马尔可夫决策过程
PD	probability of detection	检测概率

PFA	probability of false alarm	虚警概率
QoS	quality of service	服务质量
RF	radio frequency	无线电频率
RL	reinforcement learning	强化学习
RNN	recurrent neural network	循环神经网络
RTS	request – to – send	请求发送
SA	situation assessment	态势估计
SAR	synthetic aperture radar	合成孔径雷达
SD	scenario driver	情景驱动程序
SO	strategy optimizer	策略优化器
SDR	software defined radio	软件无线电
SEI	specific emitter identification	特定辐射源识别
SVM	support vector machine	支持向量机
SWaP	size, weight, and power	尺寸、重量和功耗

作者简介

Karen Zita Haigh 博士,是美国水星系统公司(Mercury Systems)的人工智能首席技术专家,也是嵌入式系统中人工智能和机器学习技术的倡导者。Haigh 博士曾就职于霍尼韦尔、BBN 和 L3,从事过各种复杂系统方面的工作,包括认知射频系统、智能家居、网络安全、喷气发动机、炼油厂和航天系统。Haigh 博士在以下三个不同领域开展了创新性工作:

自动驾驶车辆(自主机器人上的闭环规划和机器学习):Haigh 博士在卡内基梅隆大学的博士学位研究工作是第一次将人工智能风格的符号规划应用到真实的硬件机器人上,然后进行机器学习以更新规划模型(也就是说,这是第一个同时进行规划和学习的自主机器人的全周期闭环)。这种能力对于当今全球正在进行的所有自动驾驶车辆工作至关重要。

养老智能家居(被动行为监测,辅助老人并帮助老人居家):Haigh 博士是霍尼韦尔独立生活方式助理(ILSA)的首席研究员。ILSA 是一个智能、自适应的家庭自动化系统,具有复杂的态势估计和决策功能,可以通过各种传感器、医疗设备和智能设备,使年长和体弱用户能够安全地在家中生活和工作。ILSA 是一个多智能体系统,融合了统一的感知模型、概率衍生的态势感知、意图识别、分层任务网络响应规划、实时动作选择控制、机器学习和人为因素。ILSA 是目前在该领域进行大量研究的第一个系统,并促使霍尼韦尔在该领域进行了战略性收购。

认知射频系统(用于控制复杂多目标通信系统的机器学习):Haigh 博士在认知射频系统领域工作超过 15 年(示例 7.1)。她为 DARPA 资助的自适应动态无线电开源智能团队(ADROIT)设计了认知控制器。ADROIT 是第一个已知的使用机器学习动态控制移动自组织网络的真实系统(非仿真系统)。Haigh 博士为 DARPA 的 CommEx 项目设计了认知引擎,该引擎优化了通信网络在以前未知的干扰条件下的性能。CommEx 是第一个演示嵌入式电子防护在实时任务中学习的系统。

这是 Haigh 博士的第三本书,之前的两本书为 1997 年在线出版的 *The Dinner Co-op Recipe Collection*,以及与 Dana Moore 和 Michael Thome 合著并

由 Wiley 于 2008 年出版的 *Scripting Your World: The Official Guide to Scripting in Second Life*。

Julia Andrusenko 是约翰霍普金斯大学 APL 的高级通信工程师,也是战术通信系统组的总工程师。Andrusenko 在通信理论、无线网络、卫星通信、射频传播预测、通信系统脆弱性、通信系统计算机模拟、演化计算、遗传算法/编程、MI-MO 和毫米波技术方面有超过 19 年的工作经验。她还有为各种先进商业通信系统和军事数据链路开发电子战方法的丰富经验。Andrusenko 发表了许多技术论文,并与他人合著了一本书,书名为 *Wireless Internetworking: Understanding Internetworking Challenges*,出版社为 Wiley/IEEE Press。Andrusenko 女士在费城德雷塞尔大学获得电气工程学士学位和硕士学位。她是 IEEE 通信协会的成员,也是 IEEE 1900.5 管理动态频谱接入应用认知无线电的策略语言和架构工作组中有表决权的成员。